經營顧問叢書 ㉟

U0034850

績效考核手冊（增訂三版）

秦建成 ／ 編著

憲業企管顧問有限公司　　發行

《績效考核手冊》 增訂三版

序 言

　　人的健康與否可以透過身高、體重、血壓、肺活量、心率等指標來判斷。企業也一樣,管理者可以透過一些比較直觀的指標,瞭解企業的各項指標,來判斷企業經營中那裏需要改進,管理者就可以輕鬆把控大局,確保企業正常運營,達到預期的結果。

　　「如果你不能評價,你就無法管理。員工只會做你所考核的……」。作為評價員工的員工績效考核方式,已經成為企業管理中不可缺少的重要環節。

　　「你考核什麼,就會得到什麼。」管理學界有句名言:「管理就是由合適的人在合適的時間做合適的事」,績效考核也完全適用這句話,績效考核應該由誰來負責實施,總經理、人力資源經理還是直線經理?他們又該如何角色定位,如何登台亮相?績效考核從什麼時間開始,又在什麼時間結束?考核的時間是否整齊劃一?考核是不是每個員工都要過的一道關?不同的員工績效考核的內容又有什麼不同,如何衡量?考核結果又如何應用?

　　績效考核很重要,然而,考核的成效卻不能令企業滿意,企業的員工常常抱怨考核不公平、考核結果難以兌現;參與績效考核的管理

人員也常把它戲稱為「雞肋」，不考不行，而忙亂進行的考核、費時費力又費錢，考核過程和考核結果難以達到預期目的………等。

　　很多企業業績平平，始終不能成為行業的佼佼者，這就要診斷一下自己企業績效不佳的原因：是否有績效管理體系；績效考核是否只是走過場；績效管理者的角色扮演是否合適；考核指標是否量化；關鍵績效指標是否有相應的特徵；績效溝通是否有及時的回饋。本書將對這些問題給予明確的回答，幫助企業找到績效不佳的原因。績效管理是一個完整的系統，它需要績效溝通來串聯整個績效管理的過程，這個環節貫穿於績效管理過程的始終。

　　本書上市第 3 版，是內容重新修訂，增加實際案例心得，企業應該如何規劃、執行績效考核工作，績效考核實施的原則、方法、手段，績效考核實施的思路與措施，有助於促進企業績效考核的實施，是績效考核的操作範本。

　　讀者若能將本書《績效考核手冊》與另一本書《部門績效考核的量化管理》合併閱讀，效果共佳。希望讀者能透過考核而改進工作，提高能力，使員工績效一年比一年好，使每個員工的能力一年比一年有提高。

2024 年 4 月

　　績效考核手冊　　　　　部門績效考核的量化管理

《績效考核手冊》增訂三版

目　錄

第1章　績效考核體系概念 / 9

績效管理是對工作全過程的管理與控制,績效包括兩個方面:結果和過程(行為),先對員工績效期許目標,並進行考核,再對員工考核結果進行評價。績效考核可以為各項人事決策提供客觀依據,是人力資源管理不可缺少的一個重要環節。

第2章　各部門的績效考核體系 / 38

績效指標作為績效考核體系的重要組成部份,明確績效考核的具體評價領域。績效指標相應地分為工作能

力、工作態度和工作業績三類指標。績效考評要有系統的、逐步的推進，才能確保它的成功。

第3章　工作崗位分析是績效考核基礎 / 77

工作崗位分析是績效考評體系的建立;特別是建立客觀量化考評機制，設計量化考核指標，更需要崗位分析。對工作崗位進行分析，是績效考評的重要依據，是衡量員工能力高低的標準尺。

第4章　績效考核指標的量化方法 / 101

在設計績效考評方案時，首先考慮的是基本依據問題，即績效指標從那裏來，績效指標設定，要做到明確而具體，並可以查證。在工作崗位分析上，每項工作用

「數字、時間、行為」表示，這樣每項工作考核都能做到量化。

第5章　績效考核的實施操作方法 / 167

企業的績效考評機制的建立，不在於績效指標設定的多少，關鍵在於企業如何實施。包括：明確每個崗位的各項工作標準，具體的資訊採集方法，確定考評主體人，安排考評期限，劃分考評職責……等。

第 6 章　績效考核的溝通管理 / 207

績效溝通是指就績效計劃執行情況進行的溝通與交流。持續有效的績效溝通有利於保證考核對象績效行為不偏離方向，是績效計劃得以順利、正確執行的保證。

第 7 章　找出企業績效不佳的原因 / 219

績效考核指標選擇不恰當、過程式控制制沒有實質性、考核指標定義不準確、目標的制定不合適、績效考核等級劃分不正確、缺乏考核結果的應用等，都會導致績效不佳，企業應找出其中不合理的地方，加以完善改進。

第8章　績效考核的角色和職責 ／ 256

　　　企業績效考核的角色是公司總經理、人力資源經理、部門經理和員工。這四種角色要相互支持和配合才能完成績效考核這項艱巨的任務。總經理是企業總推動者，人力資源經理需要更專業，部門經理是直接責任人，員工則是績效的關鍵人。

第9章　確保績效考核有效率 ／ 299

　　　實施績效管理必須具備發展戰略清晰、組織結構合理、流程管理規範、崗位職責明確的前提。企業的績效管理沒有取得成效，是績效管理實施環節出現了問題、績效管理體系存在缺陷、績效管理變革準備不充分、績

效管理實施不力是績效管理流於形式、不能取得成效的
主要原因。

第 一 章

績效考核體系概念

1 績效考核的涵義

1. 績效的涵義

績效指標主要由指標名稱、指標定義構成。績效指標指明了績效的評價重點，是實施績效考核的關鍵，也是績效管理體系的基礎。

績效指標體系是由一系列既相對獨立又相互關聯，並能完整反映被考核者績效水準的績效指標形成的組合體。

績效指標體系的基本構成要素是績效指標，但並非各項績效指標的簡單疊加，指標之間具有較強的邏輯關係。績效指標體系具有較強的依附性，必須針對具體考核對象才能賦予單項績效指標管理意義。

績效是指在特定時間內崗位任職者的工作過程（行為）與工作結果。過程與結果都是績效的組成部份。

如果只強調結果，不考慮過程（行為）也會產生問題，有時會忽視

一些非常重要的過程因素和情景因素，而這些因素卻可以促進任務的完成，產生好的績效，導致好的結果。其次，結果往往受到許多非個人所能控制因素的影響，並不一定是由員工個體行為導致的，會有其他因素起作用。另外，將績效定義為結果很可能會使個別員工為得到預期結果而不擇手段，出現短期行為，影響組織的長期發展和效益。

因此，績效應包括兩個方面：結果和過程（行為），只不過在績效考核實際操作中，因考核對象不同，所以考核重點也不一樣，如考核一個部門或分支機構，重點考核的是結果；如考核一個員工，重點考核的是過程（行為）。

2.考核的涵義

績效考核，「考」指的是考核，「核」指的是評價或評估。

「考核」是核查員工是否完成了工作任務，是否按照考核期初確定的考核指標達到了標準，達到了，得分；沒有達到，扣分。考核的結果是一個分數，相當於學生的考試分數。也可以說，考核是核查一個部門或員工實際完成的工作結果或工作過程。

「評價」是對員工的考核結果進行分析或評議，通過對員工過去一個考核期工作績效的評價找出員工在過去的一個考核期，那些方面做得好，那些方面做得不好，下一個考核期在那些方面需要改進；找出員工在知識、技能、綜合能力以及工作經驗等方面有待改進之處，下一個考核期在那些方面需要學習，在那些方面需要提高等。

「考評」是「考核」和「評價」的簡稱，先對員工績效進行考核，再對員工考核結果進行評價。

2 績效考核的工作任務

績效考核，作為人力資源管理的一個職能，可以為各項人事決策提供客觀依據，是人力資源管理不可缺少的一個重要環節。其主要作用如下：

1. 有助於提高企業的工作生產率和競爭力

衡量生產力的傳統方式是考察員工工作成果的數量和品質、有沒有按工作程序辦事、上下班是不是守時，以及出勤率、事故率等指標的高低。人力資源管理理論則認為，衡量生產力的主要因素應該是員工的招聘、培訓、任用、激勵和績效考評，並以績效考評為核心。

現在，許多企業已經清楚地認識到員工的工作績效對公司生產力和競爭力所產生的重大影響，紛紛加強了員工績效管理，把透過提高員工工作績效來增強各部門的產出效率看做增強本公司生產力和競爭力的重要途徑。根據翰威特公司對美國上市公司的一項調研，具有績效管理系統的公司在利潤率、現金流量、股票市場業績、股票價值以及生產率方面，明顯優於那些沒有績效管理系統的公司。表 1-2-1 列出的是該項調研的數據結果。

表 1-2-1　績效管理對企業組織成功的影響

指標	沒有績效管理系統	有績效管理系統
全面股市收益	0.0%	7.9%
股票收益	4.4%	10.2%
資產收益	4.6%	8.0%
投資現金流量收益	4.7%	6.6%
銷售實際增長	1.1%	2.2%
人均銷售	126100美元	169900美元

2.為員工的薪酬管理提供依據

工作績效考核結果最直接的應用，就是為企業制訂員工的報酬方案提供客觀依據。根據員工的實際業績，即工作成果決定其薪酬水準的高低；根據該員工業績變化情況來確定是否再予以提薪。對於績效好的員工，當然應給予獎勵，感謝他們對公司所做的努力與貢獻，同時激勵他們能有更好的表現。將該員工與其他從事同類或相似工作的員工在業績和報酬方面進行比較，管理者及其下級的績效就可以大大地展現出來，按績效付酬觀念就順理成章。但是對於績效差的員工，我們也應瞭解其中的原因。

3.為員工的職務調整提供依據

員工的職務調整包括員工的晉升、降職、調崗，甚至辭退。績效考評的結果會客觀地對員工是否適合該崗位做出明確的評判，為人事決策提供依據或信息。

4.為培訓工作提供方向

培訓開發是人力資源的重要方式。培訓開發必須有的放矢，才能收到事半功倍的效果。透過績效考核，可以發現員工的長處與不足、

優勢與劣勢，從而根據員工培訓的需要制訂具體的培訓措施與計劃。一般來說，員工在工作上是否有好的績效，可以從能力、動機及其他因素中加以探討。因此，企業在發現員工績效不佳的時候，應該去發覺其背後的問題所在，若是員工的能力不足，則應該給予充分且適當的培訓，以增進員工在工作中的知識與技能。

5.有助於員工更好地進行自我管理

績效考核強化了工作要求，使員工責任心增強，明確自己怎樣做才能更符合期望。透過考核發掘員工的潛能，可以讓員工明白自己可以幹什麼。透過績效考核，使員工明確自己工作中的成績和不足，可以促使他在以後的工作中發揮長處，努力改善不足，使整體工作績效進一步提高。若是員工的動力不夠，則應該建立出一套良好的激勵制度來配合，以增加員工改進績效的動機；若是其他外在因素，造成員工的績效不好，例如，工作場所的環境干擾，工作所需的設備不足，則應協助員工排除障礙，使員工能有更好的工作環境來達成工作目標。

透過績效考核，反映員工的貢獻程度。目前，絕大多數企業的績效考核制度，都是一張表單適用所有部門及人員，而表單的內容往往只是粗略性的幾個問題和選項，這些制度和表單設計上的不完善，造成績效考核制度常流於形式，缺乏信度和效度。因此，如何根據不同工作性質，設計合適的制度，以真實反映出員工績效的高低，成為目前企業管理者亟待解決的問題。由此可知，一套完善的績效考核制度，不僅能鑑定出個別員工的貢獻程度，還能找出造成員工績效不佳的原因。

3 現代績效考核原則

1.戰略導向原則

戰略導向是績效指標設計的最重要原則。績效管理的目的是保證企業總體戰略和經營目標的實現，績效指標體系必須服務於這一目的。指標體系要自上而下對戰略目標進行逐層分解，自下而上對戰略實施形成逐級支撐，確保戰略目標細化到崗、責任明確到人，各級員工績效行為一致。

2.有效可控原則

有效可控是指，被考核者透過努力可以在很大程度上影響指標的目標值。要針對工作設計指標，職責範圍外的工作不納入考核指標，否則會影響正常的工作流程。要重視指標的分解細化，避免將企業的經營指標直接下達給個人，剔除不可控績效因素。

績效指標要能夠全面衡量考核對象的績效水準，有效區分不同考核對象的績效差異；指標考核要簡單易行，相關數據收集、分析成本要低，不能影響正常工作的開展；指標要得到考核雙方認同，否則會引起抵觸，影響實施效果。

3.要體現企業組織特點原則

無論是一個組織的總體績效指標設定，還是企業內部各部門和員工個體考評指標的設立，都要結合本組織的戰略目標、部門職能和崗位職責確定，否則考評就失去其作用，甚至產生負面影響。因為，每個組織的戰略目標，每個部門的基本職能，每個崗位的工作職責通常是不一樣的，即使是相同的單位、部門、崗位名稱，其目標、職能和

職責也是有區別的。如果說這些方面沒有區別，在不同的單位員工的素質與能力也不一定完全相同。

此外，一個單位的管理機制、激勵制度、基本條件、發展重點以及資源的支持力度等方面也是有差別的。這些差異決定了一個組織的績效考評指標的獨特性，不能照搬其他單位的考評指標。因此，一個組織的績效指標要根據本組織的使命和願景、發展戰略、當地的地理特點、社會背景、自然資源、人才資源以及財力資源等條件來設定。

4.透明原則

在進行績效考評時，應最大限度地減少考評者與被考評者雙方對考評工作的神秘感。績效標準和水準制訂是透過協商來進行的，在考評前要公佈考評標準細則，讓公司員工熟悉考評程序，知道考評的條件與過程，對考評工作產生信任感。並且在每個新員工開始工作的時候，就應告訴他們將怎樣對他們的績效進行考評，使員工對考評結果抱有理解、接受的態度。在將績效考評的活動公開化的同時，考評結果也應公開。

5.定性與定量相結合原則

定性考評是指採用經驗判斷和觀察的方法，側重於從行為的性質方面對人員進行考評；定量考評是指採用量化的方法，側重於行為的數量特點對員工進行考評。定性與定量相結合，這是歐美企業的特點。

在績效考評的過程中，定性考評是一種總括的考評，是一種模糊的印象判斷，如果僅進行定性考評，則只能反映企業員工的性質特點；反之，定量考評往往存在一些指標難以量化的問題，如果僅進行定量考評，則可能會忽視員工的品質特徵，使得考評不完全。這就需要將定性與定量結合起來，實現有效的互補，對員工的績效做出全面、有效的考評。

6.正確導向原則

績效考評是一個具有「法力」的指揮棒，考評什麼，就會得到什麼，就如同一年一度的聯合考試一樣，老師針對考試大綱授課，學生根據大綱學習。因此，考評指標應有正確的導向性。因為，考核結果要與績效薪資或獎金直接掛鉤，而且隨著薪酬制度的改革，績效薪資在企業薪酬構成中佔的比例越來越大，有的企業員工績效薪資佔到了薪酬總額 50%～60%。這必然引起員工對績效考核結果的重視，考核什麼，員工就做什麼，考核到什麼程度，員工就做到什麼程度，其導向作用是顯而易見的。

績效指標要導向組織的使命和核心職能。企業有企業的使命，部門有部門的職能，崗位有崗位的職責，績效指標的設定要緊密結合各自的使命、職能與職責，這是績效指標設定中的一個重要原則。使命是一個組織存在的目的，使命是工作中的燈塔，使命就像指引組織前進的指南針，使命明確了組織應當對員工考評什麼。核心職能通常是一個部門或一個崗位工作的重點，是員工必須完成的任務和必須做好的工作。因此，績效考核應導向組織的使命、核心職能，不能偏離。

績效指標要導向組織的發展戰略目標，發展戰略目標是一個組織共同努力的方向，要通過績效指標的設定和考核結果的應用，將各部門以及每個員工的主要工作精力和工作績效集中在發展戰略目標上，使全體員工為實現組織的發展戰略目標共同奮鬥。

績效指標要導向組織的工作重點。一個組織的發展戰略目標實現，在不同的階段有不同的工作重點，不同的部門有不同的工作側重點，要通過績效指標的設定和考核結果的應用，引導員工完成並做好每項重點工作。

7. 客觀量化原則

　　從理論上講，一個績效指標如果沒有量化就等於這個指標不能衡量，不能衡量的指標就等於沒有管理，沒有管理的工作就意味著這項工作隨意。隨意將是什麼結果呢？顯然績效指標必須量化，只有將績效指標科學量化，才能做到客觀、公正，才能減少人為因素的影響，使考核結果真正體現員工的工作績效，做到獎勤罰懶，發揮考評的作用。但在實際設計考評方案時，有的管理人員感到有些工作項目不好量化，這是因為這些管理人員對工作績效科學量化的理論與方法沒有真正理解和掌握，或缺乏實際操作經驗。

　　績效考核是核查員工工作績效完成的結果和行為，如果某員工按年初設定的績效指標，時間達標、行為達標、品質達標，就應當給予滿分；沒有達到有關指標，就應當按照扣分標準扣分，怎麼不能量化呢？至於工作能力、工作態度、素質，也是根據工作績效量化考核與考核結果評價出來的。這既是理論問題，也是原則問題，不能脫離工作業績和行為談能力，不能脫離工作業績和工作行為談態度；更不能脫離工作業績和工作行為談素質。一個員工工作行為不好，工作業績很差，能說自己素質高嗎？能說自己能力強嗎？能說自己的工作態度好嗎？顯然是有問題的。當然個別人也有例外，可能是個人的個性與崗位不匹配所致。從理論上講，任何一項工作的績效都是可以量化的，只不過涉及到績效考核的成本，量化指標設定多少的問題。

　　鑑於現狀，應實行分步驟、逐步量化的策略，可以採用客觀量化和模糊量化相結合的方式。所謂客觀量化就是績效指標完全用數字、時間、行為表示，不用模稜兩可的績效指標，達到了績效指標就合格，沒達到績效指標就不合格，不能有爭議。如果考慮到目前大家的觀念問題、習慣問題以及操作成本問題，部份績效指標可以採用模糊量化

的方法。所謂模糊量化就是將某一考評項目分成幾個等級，如分成 A、B、C、D、E 等級，明確每個等級衡量標準和分值，讓利益相關者或有關人員打分。但是這種模糊量化考評指標不能設定得太多，要控制數量，逐年減少，逐步實現全面客觀量化。

8.考核指標相互關聯原則

績效指標設定要考慮其系統性、關聯性，不能從單方面設定績效指標。績效指標設定既要考慮現在，也要考慮未來；既要考慮其正面作用，也要考慮到其負面效果；既要考慮到其有利條件，也要考慮到其不利因素；既要考慮指標到指標增長必要性，又要考慮到指標相互驗證以及制約性。例如企業在設定行銷人員績效指標時，既有銷售額指標，也要有客戶滿意率指標。銷售額指標是強調現在的績效，客戶滿意率是強調潛在的客戶。如果只強調銷售額，可能會出現短期行為，影響未來銷售。又如在設計考核指標要素時，既要考慮業務考核指標，又要考慮知識技能的學習指標。業務考核指標是突出當前的績效，提高當年的經濟效益或社會效益；而知識技能學習指標，是為了組織未來發展，知識儲存和人才儲備，為了組織的長遠績效。

9.利益相關考核原則

所謂益相關考評原則，是指工作績效考評主體的確定問題，也就是誰考評誰的問題。績效考評主體的確定原則是：「崗位任職者對誰負責，誰就是考評者；崗位任職者為誰服務，誰就是考評者。」而不是一概而論地用 360 度來考評，這既不公平，也不科學。如果一個部門的工作或一個員工工作涉及了上下左右，與組織內外的每個人都有關係，用 360 度考評無可非議，而實際情況並非都是如此。

有的部門和員工服務對象只是社會上或組織內某一個群體，就應當讓這個群體來考評，其他群體不要參與。因為其他群體不是這方面

利益直接相關者，對這方面信息不太關心，也不瞭解，很難準確考評。例如，某員工住在單位附近，從不在單位食堂吃飯，讓其對食堂管理部門進行考評，如何考評呢？例如政府機關的考評，讓一個企業的專業技術人員評議本地市統計局的服務工作，如何評議？這位專業技術人員從來沒有與統計局打過交道，甚至連這個單位的名字也很少聽到，這種評議結果是沒有任何意義的。

對於員工個體的績效考評更是如此，因為一個人的工作績效如何，每天做什麼，做得如何，不可能單位內所有人都瞭解，如果用360度考評此人的績效，就有失公正與公平。

因此，績效考評主體的確定應當是對誰負責，誰來考評；為誰服務，誰來考評。服務對象涉及360度，就用360度來考評，涉及180度，就用180度來考評。這才是實事求是、科學、公正的處事原則。

10.考核程序規範操作原則

垷代人事績效考評的科學性來自於考評的規範性、嚴密性。如果考評不規範，該項工作就形同虛設、流於形式，考評結果不能反映員工的真實績效，會挫傷員工的積極性，因此企業進行考評工作要遵循一定的規範。

績效考評作為一個單位的管理活動或正式制度，不是隨心所欲行事的，必須遵守嚴格的規章制度，按照規範標準，有組織地開展考評工作。

現代人事績效考評以量表規範為基礎，所謂考核量表是指員工和部門工作績效考核表的設計。考評量表的設計要科學、合理、操作性強。考評量表應具有相對穩定性、統一性，不可因考評對象不同而隨意變化。

要有既定的考評程序，嚴格執行，不能因人而異，破壞程序，以

保證考評的嚴密性、公正性和考評結果的準確性。

11.分層分類原則

績效指標必須要有針對性，要分層分類設計，確保對考核對象績效的客觀準確反映。並且透過績效指標體系，要體現考核對象工作性質、工作重心、職責分工的差異。

4 績效管理要「因地制宜」

績效管理在中國企業中雖然經過了十幾年的實踐，但很多企業管理者仍然沒有掌握績效管理的真諦，沒有從戰略管理、改善企業績效的高度來看待績效管理。

在中國市場逐漸規範化的時代背景下，靠正確的決策、佔據市場先機來獲取暴利和快速成長的機會越來越少。於是許多企業把提升核心競爭力提上議事日程，而提升自身核心競爭力的關鍵就是培養和提高員工的能力和素質。進行員工績效管理是提升員工能力和素質的有效途徑之一。

但是有些企業在不瞭解企業自身的現實與文化、員工素質高低的情況下，就紛紛導入並實施績效管理，使企業得不償失，並且為此付出慘重代價。這裏不是說導入績效管理不對，而是生搬硬套，不結合企業實際採用適合自己企業的績效管理模式是有問題的，績效管理的建立要「因企制宜」。

如何構建「因企制宜」的績效管理體系呢？

1. 與企業管理現實相匹配

「因地制宜」的績效管理是指績效管理模式要與企業管理現實相匹配。績效管理的模式有以下四個階段。

第一階段是傳統的績效考核階段，只重視對人的態度和簡單的能力的考核，考核是為了控制和監督。

第二階段是目標管理階段，員工參與管理，共同制定目標，強調對目標結果的考核。

第三階段是基於流程的 KPI 階段，在目標管理的基礎上提出制定關鍵績效目標和指標，即在目標管理的基礎上前進了一步，只抓關鍵點。

第四個階段是基於戰略的 BSC 階段，平衡積分卡首先是一種戰略實施的方法，其核心是它提出的在四個關鍵成果領域（KRA）制定企業的績效考核指標（目標）：財務、客戶、經營流程與學習與成長。因此 BSC 實施的前提是這個企業的管理已經進入了戰略管理的階段。根據企業的發展階段和管理現實選擇相應的績效管理模式才能有的放矢。

2. 與企業發展階段相匹配

企業應該根據自己所處的發展階段和業務特點、文化和價值觀等來建立自己的績效管理體系。例如企業規模小、員工在 20 人以下時可以不建立績效考核體系，老闆自己進行考核評價。企業發展到 20～50 人時就有必要建立簡單的績效考核體系了，這個階段明確相應的考核標準非常必要。企業發展到 50 人以上就應該慢慢建立規範的績效管理體系。當然這個數字範圍也不是絕對的，要視每家企業的具體情況而定。

3.「因地制宜」地處理考核結果

對於考核來說，考核的過程比結果更重要，考核的形式（組織實

施）比內容更加重要。考核的目的在於總結和發現問題，促進企業、團隊和員工的成長。考核還強調一個原則，即精確標準、模糊考核，也就是說考核的標準要制定得非常精確，但是真正考核起來時這些標準只能作為參考，否則就會太機械化。

　　企業每次考核時都要明確考核的目的，只有能夠達到目的的考核才真正有意義，績效管理在企業中能夠起到監督控制、檢驗，總結評價、溝通和激勵的效果，每次考核的側重點並不一定都是一樣的，有時以監督控制為主，有時以總結評價為主，而有時又要以激勵為主。

　　舉一個簡單的例子，一家企業處於關鍵時期，現階段業績不佳，過去一段時間員工都未能作出很好的業績，但是未來發展非常被看好。企業考核的時候應該怎麼操作？像這樣的情況，績效考核的作用就是激勵了，即激發員工的士氣，如果在每個人的考核結果都不及格的情況下仍然按部就班，照本宣科來評價員工，員工士氣就會受到沉重的打擊。在這種情形下，如果根據實際情況和企業的支付能力，可以給 20%甚至 50%以上的員工評為優秀來激發員工士氣，也許這是個能奏效的辦法。

　　績效管理首先是一種管理思想，對於國內企業來說，如果對這一點沒有充分理解，就不能在績效管理上有「質」的突破。企業管理者只有對這種思想加以充分領會，並結合企業自身實際靈活運用這些工具和方法，真正做到「因企制宜」，才能發揮績效管理的作用，推動企業不斷發展壯大。

5 績效考核的實施體系

一、先要制訂發展戰略

　　績效管理是對員工工作全過程的管理與控制，它是一個體系。任何一個組織要建立科學的績效考評機制，必須瞭解績效管理的基本體系或流程，嚴格按照體系或流程設計考評方案，並組織實施，否則考評機制就失去作用，績效考評就難以達到預期目的。這是人力資源部工作人員和各級直線主管都要掌握和熟悉的內容，也是一項基本功。特別是對於直線主管人員，如果對績效管理的流程和各環節的基本內涵以及操作方法不瞭解，要做好績效考評和績效管理工作是根本不可能的，因此，瞭解並掌握績效管理的基本體系以及各環節的內涵是非常必要的。

　　組織的發展戰略是實施績效管理和建立考評機制首先考慮的要素。因為，組織的發展戰略明確了組織的發展戰略目標，組織發展戰略目標是一個組織的發展方向，是一個組織的工作重點，當然也是工作績效考評的關鍵績效指標，由此決定了發展戰略目標必然是設定績效考評指標的基本依據，是績效管理的首要條件。這種以組織發展戰略為導向而建立的績效管理體系，通常稱為戰略導向績效管理。所謂戰略導向績效管理，是指組織根據自身發展戰略的要求，以戰略績效的評價與改進為中心，實現績效管理與戰略管理有機結合的管理體系，是績效管理發展的高層階段。

　　這是當今績效管理的發展趨勢，也是經濟發展、社會環境變遷的

必然要求。

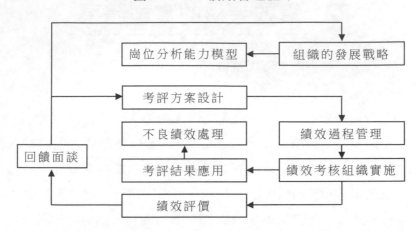

圖 1-5-1　績效管理體系

因此，構建戰略導向的績效管理體系，關鍵是有效實現績效管理與戰略管理的系統整合。其系統整合的原理是：組織績效目標的設定應遵從戰略目標；績效評價為戰略評估提供主要依據；戰略調整引領績效改進的方向。

二、要有工作崗位分析

一個組織的發展戰略要得到有效執行，必須將發展戰略目標、戰略要素、具體措施以及行動計劃落實到具體部門，落實到具體崗位，做到每項目標有人負責，每項措施有人實施，每項計劃有人落實，每項工作有人完成。也就是說，將組織的發展戰略化為每個崗位的職責和責任，只有這樣組織發展戰略才能變成現實。

崗位分析是績效管理中的一個基本環節，也是績效考評的重要基礎。在績效考評中，首先根據組織的發展戰略目標，對崗位的工作職

責、工作責任、工作權限、工作關係、工作流程、工作強度、任職資格以及工作環境等進行研究和分析，以此界定崗位任職者的工作績效指標。

　　績效考評是績效管理的重要組成部份。績效管理的核心內容、績效指標體系的構建是根據工作績效目標和崗位職責而進行逐級分解的，崗位職責不清晰，就無法真正構建有效的績效指標體系，績效指標的目標值也很難明確。

　　此外，現代人事績效考評是以「絕對考評」為依據。所謂絕對考評是在考評中，用人的工作行為、工作結果與工作指標相比，而不是人與人之間進行相比。因此，也需要通過崗位分析量化工作指標。也就是說，工作指標與崗位分析有直接關係。只有通過科學的崗位分析，才能明確各項工作的任務、職責、關係等指標，為各項工作提供量化考評依據。顯然，崗位分析是建立量化考評制度的重要基礎之一。

　　現在的問題是崗位分析做得不規範不科學，對績效指標設定沒有任何作用。有的崗位說明書只有半頁紙，有的崗位說明書一頁紙，多的也只有兩頁紙，一頁紙、兩頁紙能叫「書」嗎？連個「本」都不是，所以這樣的說明書對績效考核指標設定毫無價值。因此，組織要建立科學的績效考評體系，首先需要進行工作崗位分析。

　　有人認為，工作崗位說明書是相對固定不變的，發展戰略是變化的，不可能通過崗位分析將發展戰略確定為部門職能，成為崗位職責。持有這種想法的人，需要知識更新了。從理論上講，時代在變，需求在變，崗位說明書是在不斷變化的。從實際來看，崗位說明書也不是固定不變的。如果一個組織的發展戰略變了，部門職能不變行嗎？崗位職責不變行嗎？即使是發展戰略不變，崗位職責也會發生變化，崗位說明書是動態的，是變化的，其變化的一般規則是每年初每

個崗位任職者根據組織發展戰略變化、工作重點轉移以及崗位職責的調整，對自己的崗位說明書進行一次修訂。

崗位分析是發展戰略著地的重要手段，是績效管理的基礎，是設計績效量化指標基本依據，也是整個人力資源管理的基礎，更是各級直線主管進行管理的基礎。沒有科學的崗位分析，人力資源管理就沒有基礎，直線主管管理員工就沒有依據。因此，崗位分析是績效管理的重要內容之一。

三、建立能力模型

將組織的發展戰略目標通過崗位分析落實到有關部門和具體崗位後，此目標就成為有關部門或某一崗位的具體工作職責，也就成為有關部門或某一崗位的績效考評指標。崗位任職者要履行好這個職責，完成這些績效指標需要具備什麼樣的素質，需要具備什麼樣的能力，包括素質類型、能力要素的名稱以及要求達到的層級水準等，都要做出明確的界定。這個界定的結果通常稱為崗位（職位）勝任能力模型。如果對工作績效要求較高，就需要建立卓越績效能力模型。能力模型的建立，為員工完成績效指標，實現組織發展戰略，提出了具體的素質與能力標準。

能力模型為個人指明了努力的方向，使每個人明白從事什麼工作、在什麼崗位應當具備什麼素質，應當具有什麼能力；激勵員工結合崗位需求，針對自己的差距，有計劃有目標地學習與成長，可以幫助員工更好地提高個人績效；瞭解並實踐與組織戰略相一致的人力資源管理體系。

在能力模型中，對各崗位應當具備的知識、技能、綜合能力、經

歷、經驗以及個性行為特徵都做出了明確界定。如果要通過考評發現某崗位任職者的工作績效不理想，究竟是什麼原因產生的，是那一方面知識缺乏，還是那一種技能不足等，與能力模型一對比，就可以發現其不足之處，並有針對性地採取措施加以糾正。

在績效考評實際操作中，各部門的主管都不願意對員工的績效進行實質性的評價與討論。因為，討論一個人的優點沒有問題，涉及到個人的不足，就有可能存在不同的看法，引起爭議，產生衝突。基於能力模型的考評體系可以解決這類問題。在能力模型中，對員工產生卓越績效所應具備的知識、技能以及個性行為特徵都有明確地描述，為工作績效的評價提供了衡量標準，對不同層級的員工可按其衡量標準進行評價。這樣就容易對評價結果達成共識。

通過能力模型可以確定那些行為對提高工作績效最重要，顯示了什麼樣的行為可以幫助員工和組織獲得高績效，並通過績效評價過程使得員工要對自己的行為負責。

因此，建立能力模型是績效管理的一個重要組成部份，可惜許多單位的人力資源部工作人員和高層主管對能力模型瞭解甚少，更談不上應用了。建議從事人力資源管理的有關人員應當學習並掌握能力模型有關理論與方法。因為，人力資源管理有兩項重要基礎工作：一是崗位分析，二是能力模型。如果作為一個人力資源管理人員，對此不瞭解，在人力資源開發與管理中就比較被動。

四、考評方案設計

在明確了組織的戰略目標，做好了崗位分析，建立了能力模型的基礎上，進行考評方案設計就容易了。因為設計績效考評方案的主要

依據是組織目標、部門職能、崗位職責以及工作流程。績效考評方案內容包括績效指標設定的原則、績效考評範圍、績效指標設定、績效指標分解、績效指標權重、績效指標計分標準、完成績效指標所需資源或條件、績效考評職責劃分、績效信息採集者確定、績效信息採集點、績效信息採集方法、績效信息採集時間、考評者的確定、考評結果評價、評價結果回饋面談、考評結果應用、不良績效處理以及績效過程管理與控制等內容。

在設計績效考評方案階段,考評者和被考評者之間,要經過充分的協商。在達成共識的基礎上,被考評者對自己的工作目標做出承諾。主管和下屬共同商討是確定績效指標的基礎。績效管理是一項商討性活動,由工作執行者和上級共同完成。

績效考評方案設計要特別注意的一個重要問題就是逐級考核原則,即一級考核一級,人力資源管理部或企管部考評部門一把手,部門一把手考評班組長,班組長考評員工。這個原則必須堅持,否則績效考評方案設計得再好,其結果肯定是走形式。目前許多單位的考核是「一杆子插到底」,即人力資源部直接考評各部門員工,此種考評辦法必然失敗,考評方案肯定失去效用。

如果各級直線主管對如何設定每個員工績效指標、如何設計本部門的考評方案、如何進行考評組織實施都不太清楚,只是人力資源部清楚,是沒有用的。考評方案設計的重點在各部門,人力資源部只是負責各部門或各部門一把手的績效考評方案的設計,而每個員工的績效考評方案設計,是由各部門主管來完成的。如果每個員工的考評方案由人力資源部設計,此方案是缺乏可操作性的。因此,加強對直線主管績效考評方案設計的培訓,是績效管理中的一項重要內容。

此外還要注意方案的名稱,如果你設計的方案名稱是:「某某單

位績效考核方案」。那此方案的內容應包括：績效考核原則、績效考核範圍、績效考核指標、績效指標權重、績效指標計分標準、完成績效指標所需資源或條件、績效考評職責劃分、績效信息採集時間、績效信息採集點、績效信息採集方法（考核方法）、績效信息採集者（考核主體）、績效考核結果應用等。

　　如果設計的方案名稱是：「某某單位績效考評方案」。此方案除包括上述內容外，還包括績效考核結果評價、評價結果的回饋面談、績效改進計劃等。

　　如果設計的方案名稱是：「某某單位績效管理方案」。此方案的內容就要包括考核、評價、過程管理以及回饋面談等，即包括績效考核原則、績效考核範圍、績效考核指標、績效指標權重、績效指標完成時間進度、績效指標計分標準、完成績效指標所需資源或條件、績效考評職責劃分、績效過程管理內容、績效過程管理方法、績效過程管理輔導方法、績效完成控制點、績效過程監督檢查方法、績效信息採集時間、績效信息採集點、績效信息採集方法（考核方法）、績效信息採集者（考核主體）、績效考核結果評價、評價結果的回饋面談、績效改進計劃、績效考評結果應用以及不良績效處理等。

五、績效過程的管理

　　所謂績效過程管理，是指在設定績效考評指標後，在員工完成績效指標過程中，各級主管要保證下屬有正確的工作思路，有正確的工作方法；要及時瞭解下屬工作當中存在的困難和問題，並予以解決；在工作當中根據內外環境的變化，以及對應調整或變更的績效指標，按照績效考評方案要求的程序進行調整與修訂。

　　績效過程管理強調對績效考評過程的關注。過程與結果同等重要，過程在前，效果在後，沒有正確的工作過程，就不可能有良好的工作結果。因為，績效考核是對工作績效結果的核查，是一種滯後行為，即對工作已形成事實的核查，也可以說是「秋後算賬」。如經過績效考核發現，某員工沒有按時完成績效指標，此時只能對其進行一些必要的懲罰，將其定為不合格等次或將其辭退等，但由於該員工工作績效指標沒有完成，可能給本部門或本單位帶來巨大損失或嚴重影響。因此，績效過程管理是績效考評中的重要組成部份，無論採用目標管理，還是採用平衡計分卡，績效過程管理都是不可忽略的。

　　這裏需要指出的是：有不少單位或個人，一談績效就是考核，似乎績效是考核出來的，這是不對的！績效不是考核出來的，績效是管理出來的。如果沒有過程管理，或者過程管理不到位，不可能有好的工作結果。

　　績效過程管理的主角是各級直線主管，不是人力資源管理部門，也就是直線主管必須承擔績效過程管理的責任，履行績效過程管理的職責。但是，目前的狀況是，很多直線主管不瞭解績效過程管理的理論與方法。這些管理人員大多是學工科出身或其他專業的，不是學人力資源管理或工商管理專業的，對於績效管理方面的知識、技術、技巧瞭解不多，依據自己的經歷和經驗，採用師傅帶徒弟的領導方式。所以，績效過程管理不到位，存在問題，直接影響員工績效提升，從而影響組織的績效提高。這些問題的存在，主要責任在本單位的人力資源部。人力資源部對這方面的培訓關注不夠，或者培訓效果不理想。因此，對各級直線主管開展績效過程管理培訓，是人力資源部應當加強的一項工作。

六、考核方案實施

　　績效考核方案組織實施，主要是對考核期初設定績效指標的核查，完成了任務，達到了績效標準，得分；沒有達到績效標準，扣分。績效考核時，是以結果論英雄，以績效論成敗，是不能講過程的，不能說沒有完成任務，是什麼條件、什麼原因造成的，這一切都免談。因為，工作中遇到問題和困難，或者遇到不可抗拒的因素，在績效管理過程中就應當修訂或調整。在工作過程中沒有修訂或調整，到考核時才強調理由，是不允許的。這是考核組織實施的基本原則，違背這一原則，考核就無法進行，這樣考核就形同虛設，走形式，其結果是毀掉考評方案。

　　實際上，很多單位的績效考核方案行不通，都與此問題有關。大家認為，績效考核方案組織實施是一個難點，難在什麼地方呢？這涉及很多問題。如考核主體的確定問題，也就是誰考核誰的問題，很多單位讓員工自報成績，就憑這一條，考核方案毀掉無疑。

　　運動員能自報成績嗎，讓他跑百米，他跑了 80 秒，報告：「跑了8 秒」，是真的，還是假的，有一個員工說了假話，其他員工怎麼辦，也得說假話，否則就吃虧啦。如果每個員工都虛報成績，你考核什麼呢？在績效考核當中，員工是不能自報成績的，應當由裁判（考核員）說了算，或者由工作的輸出點說了算。

　　員工不能自報成績，並不是不要員工自我評價，也不是不要員工自我總結，自我評價、自我總結是非常需要的，但自我評價的結果、自我總結的結論是用於自身的工作改進，自己的能力提高，而不是用於計算績效分數。

　　又如在確定考核主體當中，採用 360 度考評法，也是不科學的。一個人的工作，無論是一般員工，還是管理人員，是否上下左右都瞭解，都清楚，顯然是不可能的。既然不可能，為什麼還用 360 度去考核一個人績效呢？如果用這種方法考核，導向是什麼，是引導員工和管理人員寧可放棄原則也不要得罪人，不要只是悶頭幹活，要抽出時間多串門拉關係，宣傳自己，讓別人瞭解自己幹了什麼，幹了多少。這就是 360 度考評帶來的後果。它不但毀掉了考核方案，還嚴重制約或影響了組織的績效。當然，也不是完全否定 360 度評價法。這種方法在選拔幹部時，瞭解一個人的為人處世，瞭解一個人的人品或領導藝術是可以的，它能夠反映出一個人綜合素質，也能夠反映出群眾的認可度，但綜合素質和群眾認可度與工作績效是兩個概念，不能混用。

　　此外，績效考核信息採集時間問題、績效考核信息採集點問題、績效考核信息採集方法問題等，這些問題都會影響考核方案實施。

七、考核結果的評價

　　績效管理並不是按照績效考核指標考核出一個分數就結束了，在績效考核結果出來後，依據預先設定的指標，各級直線主管對下屬的績效指標完成情況進行評價。績效評價就是對考核期初設定的績效指標（一般績效指標或關鍵績效指標）與被考評者實際績效考核的數據和事實進行分析。有的員工績效好，好在什麼地方，有的員工績效不理想，是什麼原因造成的，都要做具體分析。分析評價的具體內容包括崗位職責履行、素質能力和崗位適應情況等，通過評價，提出下一考評週期的工作改進目標、能力提高計劃等。

　　現在的情況是，很多單位只有考核，沒有評價。只是按照考核指

標檢查工作結果，得出分數，評出了優秀，發了獎金或績效薪資，並根據考核結果漲了薪資，就宣告考核結束了。這種考評，只完成了考評的一半，只有「考」，沒有「評」，而且是重要的一半沒有做，即沒有進行績效評價，考核沒有達到目的。考核不是單純為了評優秀，發獎金、發績效薪資、漲薪資，這些是激勵手段，但不是目的。目的是通過對考核結果的評價，找出員工工作中存在的問題，在下年改進，在下年提高。如果不進行評價，員工在過去的一年績效不理想，是什麼原因造成的，不明白，在下年也就不可能改進和提高，就會出現惡性循環，一年不如一年。這樣下去，任何一個組織都是不允許的，特別是在市場競爭不斷加劇、科學技術發展日新月異、知識更新速度日趨加快、社會的需求不斷變遷的當今時代，只有員工的工作不斷改進，員工的能力不斷提高，組織才能永續經營，不斷發展。所以，對考核結果的評價是不能省略的，而且要實事求是的評價，找出問題所在，有針對性地改進。

為什麼有些企業不進行績效評價呢？其原因不一定是這些組織的人力資源管理部和組織的高層主管不知道其重要性，而是對評價結果不敢向員工直接回饋，害怕引起爭議和衝突。主管將評價結果向員工回饋，是否一定會引起爭議或衝突呢？答案是否定的。那麼，如何向員工回饋，才不會引起爭議或衝突，這就涉及下面要談的評價結果回饋面談問題。

八、評價結果的雙方回饋面談

績效考評的主要目的，是讓員工在今後發揚成績，改進工作，提高能力。所以，必須將績效評價結果告訴員工，即直線主管與其下屬

進行一次面對面的交談。通過績效回饋面談，使下屬瞭解主管對自己的期望，瞭解自己的績效，認識自己有待改進和提高的方面，並通過雙方面談就下年工作如何改進、能力如何提高、採取什麼措施改進、達到什麼目標以及詳細工作改進和能力提高計劃達成一致意見。在面談中，員工可以提出自己對評價結果的不同意見，也可以提出自己在完成績效指標中遇到的困難，請求上司的指導，等等。

　　如何回饋面談，才能把問題向員工說清楚，讓員工認識到自己有待改進之處，同時又不引起員工反感呢？這就是回饋面談的技巧了。回饋面談是直線主管的職責，這個職責必須履行，但不能讓員工生氣，即使是在過去的一年，員工的工作績效非常差勁，問題多多，直線主管回饋面談，也要讓員工高興。如果談得員工不高興了，影響了員工的情緒，那就是直線主管的責任了，起碼是這個主管不懂得領導藝術。因此，直線主管必須掌握績效回饋面談的目的、回饋面談的原則以及回饋面談的基本方法。掌握了這些方法，就不會出現問題。這就要求人力資源部加強對直線主管的培訓，讓其瞭解有關理論與方法。有人說，績效回饋面談是績效管理中的一個難點，所謂「難」，只是不瞭解其方法而已。

　　由此可見，績效回饋面談是績效管理的一項重要內容，不但不能忽視，而且還要加強。

　　在回饋面談中雙方就下一個考評期如何改進工作，如何提高能力達成一致意見，預定實現具體工作項目的改進目標和具體能力提高目標，在下一個考評期內是否達到了預定的目標，如果工作沒有改進，能力沒有提高，或者沒有改進工作和提高能力的積極行為，就按不良績效處理，按照有關規定辦理。

九、考評結果的加以應用

　　績效考評結果的應用是多方面的，一是用於評選優秀。通過考評結果可以顯示出員工的努力程度，敬業精神以及對組織的貢獻度。對優秀者予以表彰，給予精神激勵，樹立典型，激勵他人。

　　二是用於發獎金或績效薪資。績效考評結果可以比較公平地顯示出員工績效的多與少，據此可以決定員工的獎勵或績效薪資，體現多勞多得，承認員工的價值，給予員工物質獎勵。

　　三是用於一年一度的漲薪資。根據員工年績效考評結果，即貢獻的大小，決定員工基本薪資升與降，承認員工對組織的貢獻。

　　四是用於行政與技術職務的提升。工作績效反映了員工的能力大小，反映了員工的工作態度及基本素質，對於長期保持績效突出者給予重用，提高其行政級別，晉升其技術職務，體現員工的社會價值。

　　五是用於改進工作。工作績效的好與不好，反映出過去一年的工作存在問題多與少。如果工作績效不理想，必然存在有待改進之處，是工作思路有問題，或是工作方法不科學。通過查找問題，分析原因，提出改進措施，工作就可以改進，績效就可以提高。

　　六是用於能力的提高。通過發現員工在完成工作過程中遇到的困難和工作技能上的差距，制訂有針對性的發展計劃和培訓計劃，提高員工的能力與素質，使員工達到崗位勝任的能力標準。

　　七是用於崗位調整。通過考評績效狀況，也可以發現員工對現有的崗位是否適應，根據員工的工作努力程度和工作績效的結果，決定相應的人事變動，使員工能夠從事更適合自己的崗位，發揮其才能。

　　考評結果的應用重點是員工工作的改進和員工能力的提高。通過

考評使員工的工作一年比一年幹得好，員工的能力一年比一年有所提高。

6 績效考核的工作流程

績效考評至少包括如下 4 個流程工作。

1.制定績效考評標準

績效考評要發揮作用，首先要有合理的績效標準。這種標準必須得到考評者和被考評者的共同認可，標準的內容必須準確化、具體化和定量化。為此，制定標準時應注意兩個方面：一是以職務分析中制訂的職務證明與職務規範為依據，因為那是對員工所應盡的職責的正式要求；二是管理者與被考評者溝通，以使標準能夠被共同認可。

2.實施考評

將員工實際工作績效與工作期望進行對比和衡量，然後依照對比的結果來考評員工的工作績效。績效考評標準可以分為許多類別，例如，業績考評標準和行為考評標準等，考評工作也需從不同方面取得事實材料。

3.績效考評回饋

績效考評回饋是指將考評的意見回饋給被考評者。一是績效考評意見認可；二是績效回饋面談。所謂績效考評意見認可，是指考評者將書面的考評意見回饋給被考評者，由被考評者予以同意認可，並簽名蓋章。績效回饋面談，則是透過考評者與被考評者之間的談話，將考評意見回饋給被考評者，徵求被考評者的看法與其一起回顧和討論

工作績效考評結果，透過分析，更好地理解對工作的改進，並共同探討出最佳的改進方案。

4.考評結果的運用

　　績效考評的一個重要任務，是分析績效形成的原因，把握其內在的規律，尋找提高績效的方法，從而使工作得以改進。

第 二 章

各部門的績效考核體系

　　人的健康與否可以透過身高、體重、血壓、肺活量、心率等指標來判斷。企業也一樣，可透過一些比較直觀的指標，來判斷企業經營中那裏需要改進，那裏有所提高。瞭解企業的各項指標，老闆和管理者就可以輕鬆把控大局，確保企業正常運營，達到預期的結果。

　　若想使企業 100%的健康完美肯定是不可能的，就像人無完人的道理一樣。做一個健康的企業，它的「健康指標」應該遵循 80/20 法則，也就是說，把能夠產生 80%效益的 20%核心工作做好，就可以稱為一個健康的企業。其中，20%的核心工作就構成了企業健康與否的核心檢驗指標。而企業健康與否的核心指標有 6 個，分別是：優勢產品線、扁平化高效組織、持續的人力資源結構、優異的成本鏈管理、能促使企業創新發展的企業文化、基於自身能力範圍的企業行為。

　　每個企業都離不開指標，指標是判斷企業是否成長、進步的標準，更是衡量其內部是否健康的一種方法。但是，仍有很多企業沒有重視指標，只是在紙上談兵。

表 2-1　指標體系缺乏時的表現

洞察力	聚焦業績	協調組織行為
整個組織缺乏一致的業績指標	數據氾濫,但管理信息極其有限	管理行為和業績嚴重脫節
過於強調財務數據、財務報告及相關指標,缺乏戰略性和涉及流程的業績指標	無重點的數據但需要大量時間予以解釋、分析	標準化的管理工具和模式極其有限

　　每個企業都需要管理,但是如何管理卻成了眾多管理者的難題。現在,越來越多的企業看重指標,用指標去管理,用指標去考核,畢竟只有根據數據,才能在績效考核的時候有據可依。

　　每個企業的老闆都希望自己的企業能夠在如今的市場上佔盡優勢,希望企業能夠基業長青。但是,理想是美好的,現實卻是殘酷的。很多老闆和管理者都不明白,為什麼自己產品如此優秀,公司卻無法盈利呢?問題到底出在什麼地方呢?這就需要透過指標來找到答案了。畢竟只有用指標來管理,才能去考核所有事務。

1 績效評估體系

績效評估作為管理核心環節，它對企業業績影響的重要程度已經為廣大公司所普遍關注。但是，大部份公司在如何推進績效評估方面，仍面臨著各種困惑。產生這些困惑的主要原因就是他們在進行績效評估時沒有設計一個有效的評估體系。

具體來說，在設計績效評估體系時，人事經理應該做好明確評估目標、設計績效指標、確定評估週期以及選擇評估方法等工作。

一、明確評估目標

對於人事經理來說，一個合理、有效的績效目標能夠使得企業、部門和員工向一個方向努力，來共同完成企業的戰略目標。而要制定績效目標，首先就要清楚目標的類型。現在比較常見的是將績效目標按結果和行為劃分為結果目標和行為目標兩種。

結果目標指的是員工在特定的條件下必須要達到的階段性成果。如：「2002 年底，在預算範圍內市場份額提高 3%」；「2002 年客戶滿意度達到 90%」；「2002 年上半年貨款回收目標達到 1500 萬」等。

行為目標則指在員工完成目標成果的行為表現必須達到的標準要求。如：「所有研發項目的開發過程符合 IPD 產品開發流程」；「2002 年底將公司績效和獎勵政策在本部門宣傳、推廣、讓每一位員工都清楚」；「與客戶一起商討，明確如何改善送貨服務」等。

在明確績效目標的過程中，經理必須要避免一人獨斷的方式，應

該由企業中上級與下級員工經過溝通共同制定具體的績效目標，一般來說，制定績效目標需要經過以下幾個步驟：

- ·企業制定經營重點，並以經營計劃的形式發佈；
- ·部門制定部門目標並將任務分解到員工；
- ·員工依據部門目標分解個人任務，制定工作計劃；
- ·員工與主管人員就工作計劃進行溝通並達成一致，形成績效目標。

在制定績效目標的過程中，為了保證這個目標的合理性和有效性，人事經理應該對自己多問幾個以下這樣的問題。

1.目標是否具體

經理制定的績效目標要明確確保每個人能明白它的意思。因此，諸如「成為最好的，增加銷售額，打敗競爭對手」的目標通常會引起問題。最好的是指年產量最大，生產率最高，員工的數量最多，銷售額最高，還是工廠的訂單最多？……這些事情都要清楚註解出來，以便每個人都能理解為同一個意思。

2.目標是否可以衡量

如果績效目標不具有可衡量性，人事經理將無從得知目標是否完成。因此，應在目標後面加上數字，比如：「把退貨率減少 15%」；「開設兩個新的工廠」；「把客戶投訴減少 20%」；「把交貨時間減少 15%」。通過目標的量化，經理就可以判斷員工是否完成所定的目標。

3.目標能否達成

如果經理制定的績效目標不現實，就會對員工起誤導作用。如果他們意識到他們無法達到目標，大家的士氣就會下降，許多人會覺得沒有希望了，從而給員工帶來負面影響。然而，目標也不可乙太簡單，既要有現實性也要有挑戰性，要讓人們覺得只有全力以赴才能實現目

標。因此，經理應找出一個黃金分割點，使自己建立的目標讓大家都覺得現實可行，但同時要保持最大工作效率和高水準的工作要求。

4.目標是否可以調整

績效目標是根據每個績效週期的現狀而確定的，而現實情況處在不斷的變化之中，因此，經理應注意對目標進行及時的動態調整。特別是制定有分階段目標的情況下，這種調整就更為頻繁。當員工輕易地達到上一階段的目標時，就應該分析其中是否有特殊的原因，並通過目標的調整來適宜情況的變化。如果目標明顯地不可實現，也應該在分析原因之後適當地進行下調，使績效目標處在不斷變化的狀態之中。

5.目標有無明確的時間要求

沒有時間性的目標是沒有意義的，因為大家沒有任何緊急的概念。經理在制定績效目標時一定要有「什麼時候完成」的規定，如「到2023 年 12 月，我們應該將廢品率降低 15%」。當然，最後期限也要兼顧現實性和挑戰性。如果經理知道員工能在 2023 年 12 月前完成這個目標，那麼就應當制定更加有挑戰性的日期，比如可以將期限縮短至 2023 年 10 月。

二、設計績效指標

績效指標也叫評估因素或評估項目。在評估過程中，經理要對被評估對象的各個方面或各個要素進行評估，而包含這些方面或要素的概念就是評估指標。只有建立評估指標體系，評估工作才具有可操作性。總的評估結果的優劣往往是特定員工在各個評估指標上結果的綜合體現。

　　例如，一名銷售人員的績效可以從銷售額、回款率、顧客滿意度等方面的指標來進行評估，說明該員工對有關方面的負責程度以及各方面目標的達成程度。

　　目前，績效指標有多種分類方式，但最常用的還是根據績效評估的內容將績效指標分為工作業績指標、工作能力指標和工作態度指標三類。

　　在瞭解了績效指標的構成要素和分類情況之後，就可以開始確定績效指標了。

　　在設計績效指標時，一般應按照以下 6 個步驟來進行。

(1)工作分析。

　　經理依據工作分析提供的與工作有關的資訊，一方面可以分析出任職者的主要任職資格，另一方面可以把工作目的、職責、任務等轉化為各項績效指標。根據任職者的任職資格，經理可以設計或選擇各種選拔測評指標對人員進行評估；根據績效指標，可以進行績效評估與管理。而一個被選拔錄用的人員，工作一段時間之後其績效表現又可以作為驗證當初的選拔是否有效的依據。

(2)工作流程分析。

　　績效指標必須從工作流程中去把握。經理應根據被評估者在流程中承擔的角色、責任以及同上下級之間的關係，來確定衡量其工作的績效指標。此外，如果流程存在問題，人事經理還應對該流程進行優化或重組。

(3)績效特徵分析。

　　經理可以使用上面所介紹的圖示法標出各指標要素的績效特徵，按需要評估程度分檔，對這些指標要素進行評估。然後根據少而精的原則進行選擇。

(4)理論驗證。

經理需要依據績效評估的基本原理與原則，對所設計的評估指標進行驗證，保證其可以有效可靠地反映被評估對象的績效特徵和評估目的的要求。

(5)要素調查。

根據上述步驟所初步確定的要素，可以運用多種靈活方法進行要素調查，最後確定績效指標。在進行要素調查和指標的確定時，最好能將上面介紹的績效指標的幾種選擇方法結合起來使用，從而使績效指標更加準確、完善、可靠。

(6)修訂。

為了使確定好的指標更趨合理，經理還應對其進行修訂。修訂分為兩種：一種是評估前修訂，通過經驗總結法，將所確定的評估指標提交上級、專家會議及諮詢顧問，徵求意見，修改、補充、完善績效評估指標。另一種是評估後修訂，根據評估及評估結果應用之後的效果等情況進行修訂，使評估指標更加理想和完善。

三、確定評估週期

嚴格說來，績效評估的週期並沒有唯一的標準，典型的評估週期是月、季、半年或一年，也可在一項特殊任務或項目完成之後進行。評估頻率不宜太密，否則不但浪費精力和時間，還會給員工造成不必要的干擾，易造成心理負擔。但週期過長，反饋太遲，會不利於改進績效，使大家覺得績效評估作用不大，可有可無，以致流於形式。

因此，經理對員工的績效評估應遵循統一的時間，這樣，既可以避免將評估週期外的資訊強行引入當期評估湊數的情況，又可以防止

被評估人員對評估時間的歸屬各取所需的情況。對經理來說，固定的、統一的時間表有利於取得持續的、可比性較強的資訊，以準確地記錄和衡量員工的實際工作表現。

經理在確定評估週期時應根據企業自身的特點、評估對象以及評估目的來確定。

四、選擇績效評估方法

績效評估的評估對象是工作中的人或人的工作，一般包括對工作能力、工作態度和工作業績三方面的評估。評估過程中，評估者要評估的不僅包括一些可以直接感受和把握的因素，還包括一些難以把握的內在因素。這些方法各具特色，各有優劣。在管理實踐中，它們往往被綜合使用，以適應不同企業組織在不同發展階段對績效評估的不同需求，滿足不同目的。

在實施評價中心法的過程中，經理除了要對時間計劃、評委安排進行仔細考慮外，還要在組織上進行充分的準備，準備好資料、紙張、日曆表、書寫板、書寫架以及要及時地協調好日期，以保證全體評委和候選人都能準時參加。6 個評委考核一個被試者，採用五級評分法，將各指標的得分分成五級：高、較高、一般、較低、低，分別計以 5，4，3，2，1 分。6 個評委的平均分就是每個被試者的最後得分。

五、績效考核的實施

績效考核的實施過程可以說是績效考核管理中的重中之重，對於整個績效管理的有效性起著至關重要的作用。

　　績效考核的實施過程，主要包括五個環節，即：績效考核定目標、績效輔導、考核評價、績效考核的反饋和績效考核的審核。

1. 決定目標

　　績效目標是員工未來績效所要達到的目標，它可以幫助員工關注那些對於組織更為重要的項目，鼓勵較好的計劃以分配關鍵資源（時間、金錢和能量），並且激發為達到目標而做的行動計劃準備。而員工個人績效目標又來源於組織、部門的總體目標的分解和傳承。組織的整體目標被轉換為每一級組織的具體目標，即從整體組織目標到經營單位目標，再到部門目標，最後到個人目標。而個人績效目標的制定又來自於個人的工作計劃，從年度計劃到季度計劃，最後分解到月度計劃。

　　為保證個人績效目標設置的合理有效，應該做到：主管制定，員工參與，雙方確認。首先，對於工作目標要求是由主管依據部門目標的分解，提出對員工崗位職責使命的要求，完成組織目標向個人績效目標的傳承，同時，對於個人關鍵業績指標（Key Process Indication）的提取過程應由主管提取，員工參與提取，雙方共同完成。如果員工參與設定目標，那麼他們就會更加努力實現目標。他們的許多需要中包括執行一個有價值的任務、在團隊中共同付出努力、共同設定他們的目標、共用努力的回報以及持續的個人成長。

　　目標制定後應讓員工參與甚至獨立制定如何達到這些目標的計劃。為員工提供一定的自主是很有價值的，這樣他們更能發揮自己的聰明才智，並且更加關注計劃的成功。

　　確定績效目標對績效考核來說，具有重要的意義。首先，沒有客觀的績效目標，評估者就無法客觀地對被評估者做出正確的評估；其次，如果績效目標不合適，則員工的工作表現和執行任務的情況就無

法予以準確衡量和評價；第三，適當的績效目標將有利於對員工的工作績效情況進行監督和控制。因此，在下達工作任務時，管理者必須讓員工明確組織對他們的要求、期望和標準。

設定了績效目標之後，就要確定評價績效目標達成的標準。沒有明確標準的目標不是真正意義上的績效目標，SMART 原則是最常用的區分一個標準是否符合要求的工具。即，目標必須是具體的、可衡量的、可達到的、相關的和有時限的。

2. 績效輔導

績效輔導(Achievements Counseling)階段在績效管理過程中處於中間環節，也是耗時最長、最關鍵的一個環節，這個過程的好壞直接影響績效管理的成敗。具體來講，績效輔導階段主要的工作就是持續不斷的績效溝通、大量收集數據，形成考核依據。

溝通的目的有兩個：一是員工彙報工作進展情況，或就工作中遇到的困難向主管求助，尋求資源上的支持和解決方法的指導；另一個是主管人員對員工的工作與目標計劃之間出現的偏差及時給予糾正。

績效輔導對上級主管和員工本人來講都很有意義，首先，對於上級主管而言，及時有效的溝通有助於全面瞭解員工的工作情況，掌握工作的進展資訊，並有針對性地提供相應的輔導和資源，有助於提升下屬的工作能力，達到激勵的目的；同時，上級主管可以掌握績效評價的依據，以便對下屬做出公正客觀的評價。

其次，對員工而言，員工可以得到關於自己工作績效的反饋資訊，以便儘快改進績效、提高技能；同時，員工可以及時得到上級主管相應的資源和幫助，以便更好地達成目標；以有效溝通為基礎進行績效考核輔導，也是雙方共同解決問題的機會，這也是員工參與管理的一種形式。

最後，在績效輔導的過程中，對於員工的突出貢獻和績優行為，主管給予適時的讚揚將極大地調動員工的工作熱情，使好的行為得以強化和繼續，有利於組織良好績效氣氛的營造。

3.考核評價

在進行績效評價時，很多組織首先要求員工對其業績達成狀況進行自評，員工自評後再由上級主管或評估委員會對照期初與員工共同確定的績效目標和績效標準對員工進行評價。

(1)員工自評

由員工本人對照自己的績效目標，如工作分析、工作計劃和績效目標等，進行自我評估，填寫述職表或者寫出自我評估小結等。

(2)評估者對被評估者進行評價

評估者可以是被評估者的上級主管，也可以是人力資源部的人員，還可以是評估委員會等專門的員工績效評估機構。在採取 360 度績效反饋方法時，還會有被評估者的下屬、同事和客戶等作為評估者來參與對被評估者的評估。評估者審核被評估者自我評估的內容，對照其績效標準，在聽取被評估者的上司、同事或其他有關人員意見的基礎上形成評估意見。評估意見一般也採取表格的形式，如各類考核表、鑑定表等。

4.績效考核的反饋

績效考核的反饋是將績效考核的意見反饋給被考核者。一般有兩種形式：一是績效考核意見認可；二是績效考核面談。所謂績效考核意見認可，即考核者將書面的考核意見反饋給被考核者，由被考核者予以同意認可，並簽名蓋章。如果被考核者不同意考核者的考核意見，可以提出異議，並要求上級主管或人力資源部門予以裁定。績效考核面談，則是通過考核者和被考核者之間的談話，將考核意見反饋

給被考核者，徵求被考核者的看法；同時，考核者要對被考核者的要求、建議與新一輪工作計劃的制定等問題與被考核者進行廣泛的溝通。績效考核面談記錄和績效考核意見，也需要被考核者簽字認可。

績效考核面談的步驟一般可分為以下七步：

⑴面談開場。面談開場主要由面談者簡短地向面談對象說明面談的目的和主要程序。面談者要注意調節氣氛，讓面談對象消除緊張情緒，輕鬆自如地進入正式面談。

⑵面談對象簡要進行自我評估。即由面談對象對照既定的工作計劃或工作目標，彙報該階段的工作情況和計劃完成的情況。在這一過程中，面談者需要把握三點：①注意傾聽面談對象的發言，不要輕易插言打斷；②注意面談對象的工作實績和失誤的事實，避免感情用事；③詢問並澄清不明之處，在面談對象自我評估完畢時，可以及時就其自我評估作一小結。

⑶面談者對面談對象進行評估。即由面談者根據年初工作計劃或目標對面談對象的工作績效逐條予以評估或打分，並說明所評估結果的依據和理由。在這一過程中，面談者的評估一定要有根據（定性、定量），並輔之以事實舉例。同時，面談者還可以運用各類資訊和材料，肯定下屬的工作成績，並實事求是地指出其不足。

⑷雙方商談。商談的問題一是讓面談對象進一步說明情況，進一步瞭解事實，澄清與所掌握的資訊有出入的地方，並聽取面談對象對績效考核結果的意見和看法；二是商談面談對象在未來工作中需要改進的地方，並討論如何加以改進；三是分析並確定面談對象改善工作績效所需要的行動，包括調整工作目標、改進工作方法、參加培訓和獲得其他有關部門支持等。

⑸進一步討論。在上述談話的基礎上，雙方進一步討論面談者對

面談對象未來工作的要求和期望，以及面談對象在未來工作中的發展
需要和相應要求，雙方達成理解和共識。面談者要認真聽取面談對象
的建議，對面談對象的發展要求和建議予以積極的肯定和支持。最
後，雙方就下屬下一工作週期的工作目標達成一致性意見。

⑹確定績效考核的結果。填寫有關表格，績效考核最終結果交被
考核者簽字認可。

⑺績效考核面談結束。面談者應當給予面談對象積極的鼓勵和可
行的指導性意見，使面談對象在結束面談後，能充滿信心地去準備新
的工作計劃，增進下一工作週期的工作績效。

5.績效考核的審核

績效考核的審核通常是指人力資源管理部門對整個組織的員工
績效考核情況進行審核，處理績效考核中雙方較大的異議和某些績效
異常的問題，同時對績效考核後的各種人力資源管理活動提出建議性
意見。績效考核的審核主要包括，審核考核者、審核考核程序、審核
考核方法、審核考核文件和審核考核結果五個方面。

2 績效考核指標的分類

一、能力指標、態度指標、業績指標

績效有素質績效、行為績效、結果績效三種形式。素質績效是基
礎，反映完成績效任務、實現績效目標的可能性；行為績效是績效實
現過程中的行為表現，是將素質績效轉化為結果績效的媒介；結果績

效是工作結果的直接體現，反映績效目標的實現程度。因此，我們將績效指標相應地分為工作能力、工作態度和工作業績三類指標。

　　從評價週期來看，工作能力指標適合長期評價，工作態度指標適合短期評價，工作業績指標既適合短期評價也適合長期評價。因此，對員工進行月考核時，可以將工作態度指標與工作業績指標進行組合，而將工作能力指標作為半年或年度評價指標。

表 2-2-1　工作能力、工作態度、工作業績指標實例

類別	績效指標	考核要點
能力指標	計劃能力	制定和提出切實可行的計劃與方案；本人所負責的工作緊張有序，有條理；有計劃地調整和使用資源
	學習能力	工作中不斷學習、更新知識，學習他人先進經驗；工作中不斷提高工作技能，改進工作方法
	協作能力	能以大局為重，不計較個人利益，正確對待他人批評；能與同事緊密合作，有參與意識，能主動提出合理化建議
態度指標	紀律性	嚴格遵守公司各項規章制度和工作紀律
	敬業精神	熱愛本職工作，始終保持飽滿的工作熱情；主動承擔工作責任，主動解決工作中的問題，腳踏實地做好每一項工作
	服務意識	主動地為其他部門、員工提供服務；不斷改進工作方法，提高服務品質
業績指標	計劃完成	按照工作計劃，圓滿完成本期內的工作任務與目標
	工作效率	工作效率較上個考核期顯著提高
	工作品質	工作品質較上個考核期有顯著提高，工作失誤明顯減少

表 2-2-2　態度、能力指標的歸類取捨表

考核目的	態度指標	能力指標
任務導向	敬業意識、責任心（感）、認真性、主動性、積極性、紀律性、務實精神、計劃性、勤奮性、謹慎性。	目標管理能力、貫徹執行能力、學習創新能力、決策能力、風險控制能力、分析判斷能力、學習能力、統籌能力、洞察能力。
關係導向	團隊意識（精神）、協作性、合作精神、親和性、服務意識。	溝通能力、指導培養能力、人際協調能力、關係管理能力、凝聚能力、激勵能力、授權能力。

二、定性指標與定量指標

　　依據考核指標對應標準的可量化程度，分為定量指標和定性指標。定量指標是以統計數據為基礎，用數字量化指標應達到的水準，可以依據統計數據得出考核分數。定性指標主要是透過主觀評價得出評價結果，考核標準一般為描述性的語句。

表 2-2-3　工廠主任績效標準表

考核指標	指標定義	權重(%)	評分標準	分數區間
產量指標完成率	該指標＝實際產量/計劃產量	20	A≥100%	91～100
			95%≤A＜100%	81～90
			90%≤A＜95%	71～80
			80%≤A＜90%	51～70
			A＜80%	0～50
品質指標完成率	該指標＝實際完成的品質指標/計劃品質指標	20	A≥100%	91～100
			95%≤A＜100%	81～90
			90%≤A＜95%	71～80
			80%≤A＜90%	51～70
			A＜80%	0～50
安全生產	主要來自工廠安全員及上級的直接觀察	20	沒有生產事故，安全工作開展十分順利	91～100
			基本沒有生產事故，安全工作開展較好	81～90
			偶有生產事故，事故性質較輕，影響不大	71～80
			時有生產事故，事故對分廠整個生產影響較大	51～70
			出現重大生產事故，事故對分廠這個生產造成嚴重影響	0～50

考核指標	指標定義	權重(%)	評分標準	分數區間
部門管理	透過上級直接觀察和員工投訴考核負責人管理能力以及成本控制意識	20	員工積極性高，成本節約意識很強	91～100
			員工工作積極，成本節約意識強	81～90
			員工積極性一般，有成本節約意識	71～80
			不協調，存在浪費現象	51～70
			混亂，效率低下，浪費現象嚴重	0～50
工作態度	反映被考核者工作積極性及責任心等內容的指標，屬於軟性指標	20	工作非常積極，責任心非常強	91～100
			工作較為積極，責任心較強	81～90
			工作積極，責任心高	71～80
			工作不太積極，責任心一般	51～70
			工作消極，缺乏基本的責任心	0～50

三、效益指標、效率指標、遞延指標和風險指標

按照績效產出過程，績效行為可分為投入、產出、轉化效率和影響因素等幾方面，因此，將績效指標分為效益指標、效率指標、遞延指標和風險指標。

效益指標用於衡量最直接的產出成果，即被考核者績效產出對企業的貢獻；效率指標用於衡量為獲得效益指標所付出的成本，即投入產出的比例關係；遞延指標衡量被考核者績效對企業或其他員工未來績效的影響程度；風險指標也稱不良事故指標，用於判斷不確定性風險因素數量和對績效危害程度，一般用於對績效考核結果進行調節。

四、關鍵績效指標

(1)關鍵績效指標

關鍵績效指標來自企業戰略目標的分解，是對企業戰略目標的細化和具體化，並隨著企業戰略目標的變化而調整。

透過關鍵績效指標可以建立一種機制，將企業戰略轉化為具體的工作目標和考核指標，落實到具體部門和崗位，建立個人績效、部門績效與企業經營業績相聯繫的績效驅動體系，使企業戰略目標具體化，責任主體明確化；並有效引導員工績效行為，透過將個人行為、目標與企業戰略相契合，確保各層各類員工績效與企業戰略的一致性，使績效考核成為戰略實施工具。

(2)指標的設計步驟

企業戰略的確定一般遵循以下程序：召開戰略目標研討會，達成

戰略共識，形成備選戰略目標；對備選戰略目標進行討論，確定最適合的戰略目標。對於規模較小的企業，戰略目標可由高層管理人員直接確定。設計公司級關鍵績效指標，具體分解流程如下：

①分解戰略目標，確定關鍵成功因素。企業戰略目標一般較為宏觀，需要進行分解細化，明確戰略目標實現的關鍵成功因素。

②細化關鍵成功因素，提煉關鍵績效指標。按照價值鏈的分析方法，對關鍵成功因素進行分解和細化，從不同角度提煉形成關鍵績效指標。如果確定的關鍵成功因素已屬細化，可直接提煉關鍵績效指標。

③確認關鍵績效指標。初步提煉的績效指標往往較多，應依據企業管理實際和發展導向對指標進行篩選。

④設計部門級關鍵績效指標

以公司級關鍵績效指標為基礎，運用價值鏈和業務流程的分析方法，確定實現績效增值的關鍵控制點（二級關鍵績效因素），並提煉部門級關鍵績效指標。結合各部門的功能定位和職責分工，從歸口管理和履行實施角度明確各項指標的責任部門。管理部門主要負責對指標的考核，承擔部門是考核對象。根據對指標實現的影響程度，指標承擔部門可以進一步分為主要責任部門、輔助責任部門和相關責任部門，以進一步區分各部門績效責任的差異。以上例中的指標「單位面積成本」為例，在經營面積一定的情況下，單位面積成本的高低取決於各項費用支出，這是關鍵控制點。可以在此基礎上提煉部門級關鍵績效指標，見表 2-2-4。

表 2-2-4 指標「單位面積成本」分解

業務流程	關鍵績效因素		關鍵績效指標	責任部門	
設備運行	設備運行消耗	1	能耗費	管理	
				承擔	工程部
設備維修	設備維修費用	2	維修費	管理	
				承擔	工程部
職能管理	行政辦公開支	3	行政辦公費	管理	
				承擔	物業部

⑤設計員工級關鍵績效指標

根據部門內部工作流程和崗位職責劃分,對部門關鍵績效指標進行分解,提煉員工級關鍵績效指標,明確各指標的責任主體。具體可參照部門級關鍵績效指標的設計過程。

3 績效考核標準的分類

績效指標作為績效考核體系的重要組成部份，明確了績效的具體評價領域，解決了「評價什麼」的問題。績效標準指出了考核對象在各績效指標上應達到的績效水準，明確了「組織對考核對象績效水準的要求」，是對績效指標進行評價打分的依據。

一、絕對標準與相對標準

從確定績效完成程度參照標準角度考慮，績效標準分為絕對標準和相對標準。

1. 絕對標準

絕對標準一般是針對考核指標規定的具體數值。例如，針對生產線員工的生產率指標規定：「合格」為 80 件/小時，「較好」為 100 件/小時，「優秀」為 120 件/小時以上。絕對標準一般適用於量化指標。

2. 相對標準

相對標準是透過比較考核對象間績效相對完成程度評定其績效優劣，例如，將考核對象按考核分數高低排序，成績最好的 5%為優秀，前 20%為良好，50%為稱職，20%為基本稱職，其他 5%為不稱職。另一類常用比較方法是，將考核對象的成績與可比較對象的業績基準或考核成績平均分數進行比較。例如，從事股票投資的投資經理的業績可以和上證指數的變動比較，後者作為相對標準。

二、定量標準、定性標準、混合標準

根據可量化程度，績效標準可分為定量標準、定性標準和混合標準。定量標準主要是指用具體的數值確定該指標的考核要求；定性標準是指透過文字性的語言描述界定指標的績效要求，常見的是行為化、期望式等語言描述；混合式標準是定量和定性相結合的描述形式。作為定性績效標準的表現形式之一，行為特徵標準也是一種常用的績效標準形式。行為特徵標準一般用於定性指標，常用的是關鍵事件法。

關鍵事件法是透過長期大量的觀察和記錄，從許多具體績效行為中提煉該項工作的關鍵行為作為考核標準。如生產人員可以選擇「安全規程的執行情況」這一關鍵行為作為績效考核的關鍵事件，並將其細化為具體工作行為作為績效標準，以區分不同的績效表現。

例如，「安全規程的執行情況」的績效標準：

0 分——出現違反安全規程的操作行為；

1 分——生產操作中嚴格遵守安全規程；

2 分——生產操作中嚴格遵守安全規程，並對可能出現的安全隱患進行記錄；

3 分——生產操作中嚴格遵守安全規程，並對可能出現的安全隱患進行記錄、分析，提出相應的整改措施；

4 分——生產操作中嚴格遵守安全規程，並能及時指出其他人員的違規操作。

關鍵事件法取決於對員工行為的觀察，如果關鍵行為選擇不當，標準就無法應用。

4 績效指標體系

對應於組織層次的績效指標體系作為系統性的指標組合，包括縱向和橫向兩個結構維度（見圖 2-4-1）。

圖 2-4-1　績效指標體系結構

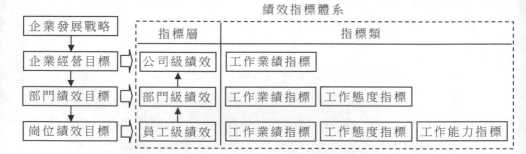

績效指標體系

指標層	指標類		
公司級績效	工作業績指標		
部門級績效	工作業績指標	工作態度指標	
員工級績效	工作業績指標	工作態度指標	工作能力指標

企業發展戰略 → 企業經營目標 → 部門績效目標 → 崗位績效目標

縱向主要體現績效指標的層次性，包括公司級績效指標、部門級績效指標和員工級績效指標。三個層次的指標自上而下逐層分解，自下而上相互支撐，形成對企業戰略目標和經營目標的有效支援，為戰略目標的實現提供了責任保障體系。

橫向主要體現績效指標的類別組合，具體包括工作能力指標、工作態度指標和工作業績指標。三類指標對績效產生的基礎、過程和結果形成了全面衡量，揭示了各類指標間的邏輯驅動關係，有利於建立有效的績效持續改進和提升機制。

不同層級應設置不同的績效指標。公司級績效指標應突出經營業績的考核；部門級績效指標要以工作業績考核為主，輔以工作態度（工作協作）的考核；員工級績效指標要以工作業績為主，根據管理需要

適當引入工作能力和工作態度考核。

5 部門主管的績效考核體系

一、部門業務績效指標

各級直線主管的績效考評不同於一般員工的績效考評。它應當包括部門業務考核指標、管理責任指標、個人能力老核指標和年定性評議四個部份組成。其思路及體系如圖 2-5-1 所示。

部門業務指標通常用的是關鍵績效指標，其指標主要有三個部份構成：一是關鍵績效指標分解到本部門的業務關鍵績效指標；二是根據本部門職能設定的關鍵績效指標；三是工作流程設定關鍵績效指標。

圖 2-5-1　各層直線主管的考評思路及體系

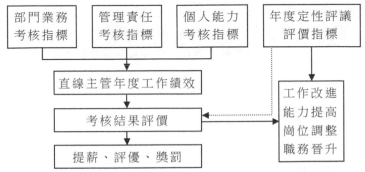

表 2-5-1　部門業務關鍵績效指標案例（部份）

部門	績效指標項目	績效指標要素
市場部	市場比率指標	銷售增長率、市場佔有率、銷售目標完成率、新客戶開發率……
	客戶服務指標	客戶投訴率、客戶回訪率、客戶滿意率……
	經營指標	經濟指標完成率、貸款回收率、銷售費用投入率……
生產部	成本指標	生產效率、原料損耗率、設備利用率……
	品質指標	成品一次合格率……
技術部	成本指標	設計損失率……
	品質指標	設計錯誤再發生率、項目完成率、第一次設計完成到投產前修改次數……
	競爭指標	在競爭對手前推出新產品的數量、在競爭對手前推出新產品的銷售量……
	創新指標	與競爭對手相比，有幾個創新點……
採購部	成本指標	採購價格指數、原材料庫存週轉率……
	品質指標	採購達成率、供應商交貨一次合格率……
人力資源部	人才招聘指標	用人部門滿意率、崗位匹配有效率……
	員工素質指標	培訓計劃針對性、培訓收穫率、全員培訓率……
	薪酬激勵指標	薪酬內部公平性、薪酬外部公平性、薪酬滿意度……
	績效考評指標	考評標準有效性、考評程序執行完整性、員工對考評制度滿意度……

二、管理責任指標

　　管理責任考核指標是做好本部門的組織管理工作，主管在管理責任方面應達到的標準。如規範化管理責任、員工的考評責任、安全管

理責任、合作責任、能力建設責任、工作責任、各種報表統計上報責任、參加各種活動責任等。見表 2-5-2 所示。

表 2-5-2　市場部經理的管理責任績效指標案例（部份）

序號	管理責任項目	管理責任績效指標
1	制度執行	嚴格遵守各種規章制度。部門員工違反制度次數為 0
2	上報資料	按規定時間完成各種報表、報告、工作總結、計劃、規劃等材料的上報工作，差錯率為 0
3	績效管理	按照要求時間完成本部門績效考評方案設計並實施。人力資源部對考評方案設計及實施滿意率達到×%以上。員工投訴，部門主管敗訴率為 0
4	獎金或績效薪資分配	按照規定時間設計完成本部門分配方案。人力資源部對分配方案設計及實施滿意率達到××%以上；員工對分配不公投訴，部門主管敗訴率為 0
5	能力建設	按照年培訓計劃，完成有關經營方面的各項培訓任務；完成績效回饋面談對下屬員工提出的年學習任務和能力提高目標，完成率 100%
6	崗位管理	每個崗位有規範的崗位說明書，並按照人力資源部要求時間完成說明書更新，完成率 100%
7	遵紀守法	嚴格遵守法律、法規，執行政策。在年考核期內，部門員工違法違規事件為 0
8	部門之間協調	與本部門業務有關部門之間的協調與合作滿意率達到××%以上
9	團隊建設	本部門內員工協作、合作滿意率達到××%以上
10	工作改進	績效回饋面談時，對下屬員工提出的年績效改進計劃，完成率達到 100%
11	安全管理	明確本部門每個崗位的安全責任，並與考核掛鉤，檢查落實到位，工作範圍內安全事故為 0，安全隱患為 0
12	集體活動	按時參加各種活動和會議，並遵守會議和活動的規定和紀律，出席率達到××%以上；違反規定和紀律的次數為 0
13	員工出勤	部門員工出勤率達到××%以上，部門人均遲到次數不超過×次
……	……	……

三、個人能力考核指標

對「能力」的考核，很多人認為這是一項定性指標，不好考核，人的「能力」是看不見，摸不著的一種東西，怎麼量化考核呢？嚴格地講，能力水準的高低是通過工作績效評價出來的，一個人工作績效突出，可以說此人能力水準高；一個人工作績效不好，此人在能力方面存在問題。不能脫離工作績效談能力，說一個人能力很強，就是工作業績差，這是說不過去的。除非是此人不適合這個崗位，或者外部環境出現異常，才出現這樣的結果。

關於外部環境問題，在績效管理流程中有一個環節是績效過程管理，對於外部環境出現異常時績效指標是可以修訂或調整的，所以環境異常問題作為理由也是不成立的。能力強，績效差，唯一的理由就是崗位不適合造成的，這是可能存在的。這也正是反覆強調績效考評的目的，不是為了評優秀、發獎金、漲薪資，而是為了工作改進、能力提高和崗位調整。也就是說，如果某一直線主管績效不理想，是什麼原因造成的，是工作方法有問題，還是工作思路不正確；是專業知識缺乏了，還是工作技能落伍了；是觀念落後了，還是思維方式缺乏創新了；是崗位與其個性不匹配，還是心態存在問題了。

通過評價，找出問題所在，有針對性提出下年能力提高具體計劃和目標，如參加什麼培訓，學習什麼知識，達到什麼效果等，並作為下年能力考核指標。如果直線主管在下年完成了規定的培訓次數，完成了計劃學習的科目，達到了學習規定水準要求，即學習考試合格，就可以說此人能力達到要求，能力考核結果為合格，否則就不合格。這就是對「能」考核的基本思路與方法。如果是崗位不匹配問題，在

必要時可以調整其工作崗位。個人能力的考核指標見表 2-5-3 所示。

表 2-5-3　市場部經理的個人能力指標考核案例（部份）

序號	個人能力考核項目	個人能力考核指標
1	基本知識	完成上年績效考評回饋面談時，主管對市場部經理提出的下年需要學習的基本知識，如市場行銷管理相關知識和理論……
2	工作技能	完成上年績效考評回饋面談時，主管對市場部經理提出的下年需要提高的技能，如開發拓展能力；對市場銷售情況判斷能力及銷售信息的準確分析能力……
3	年自學	在考核年內，自學×本有關人力資源管理、市場行銷方面書籍
4	業務培訓	參加本單位統一組織的各種業務知識及工作技能培訓學習，出勤率達到××%以上
……	……	……

四、年度定性評議指標

　　這種定性評議指標，就是我們傳統所採用的一年一度的定性考評，設定幾個要素，劃分幾個等級，每個等級賦予一定的分值，讓組織內部全體人員無記名劃鉤，然後統計出結果。這種定性評議結果，不能準確評議出其工作績效。在績效考評中，如果採用這種定性考評，就難以做到客觀性。

　　據調查，有 74.4%的組織認為，在定性績效考評中很容易摻入考評主體的主觀意志，即便是面對同一事實，由於考評主體所處立場不同，所得到的考評結果往往不一樣。但這種定性考評，也有其作用，

它能夠從一定程度上反映出一個人的為人處世、人際關係、領導藝術、綜合素質以及群眾認可度等情況。因此，這種定性考評結果可用於職務晉升。幹部的選拔標準是德才兼備，既看工作績效，也看群眾認可度。如果績效很突出，群眾認可度很低，也是不能提拔重用的。

五、直線主管工作績效

表 2-5-4　行銷部經理績效考評指標

指標類別	指標項目	績效考核指標
部門業務考核指標	銷售收入	在年考核期內，銷售收入達到××××萬元，完成率100%
	銷 售 量	在年考核期內，產品銷售數量達到××××件，銷售數量目標完成率達到××%以上
	銷售增長率	在年考核期內，銷售增長率達到××%以上
	市場佔有率	在年考核期內，市場佔有率達到××%以上
	實際回款率	年考核期內，回款率達到××%以上
	銷售費用	年考核期內銷售費用控制在預算之內，超支額為 0
	壞 賬 率	年考核期內，壞賬率控制在××%以下
	客戶管理	在年考核期內，重要客戶保有率達到××%以上
	……	……
管理責任考核指標	遵紀守法	遵守法律、法規，執行有關政策。在年考核期內，部門員工違法違規事件為 0
	制度執行	嚴格遵守本組織的各種規章制度。部門員工違反制度次數為 0
	崗位管理	每個崗位有規範的崗位說明書，並按照人力資源部要求時間完成說明書更新，完成率100%

續表

指標類別	指標項目	績效考核指標
管理責任考核指標	績效管理	按照要求時間完成本部門績效考評方案設計，並組織實施。人力資源部對考評方案設計及組織實施滿意率達到××%以上；員工投訴，部門主管敗訴率為 0
	獎金或績效薪資分配	按照規定時間設計完成本部門分配方案。人力資源部對分配方案設計及組織實施滿意率達到××%以上；員工對分配不公投訴，部門主管敗訴率為 0
	部門之間協　　調	與本部門業務有關部門之間的協調與合作滿意率達到××%以上
	集體活動	按時參加各種活動和會議，並遵守會議和活動的規定和紀律，出席率達到××%以上；違反規定和紀律的次數為 0
	上報資料	按規定時間完成各種報表、報告、工作總結、計劃、規劃等材料的上報工作，差錯率為 0
	團隊建設	本部門內員工協作、合作滿意率達到××%以上
	能力建設	按照年培訓計劃，組織完成有關行銷方面的各項培訓任務；完成績效回饋面談對下屬員工提出的年學習任務和能力提高目標，完成率 100%
	工作改進	績效回饋面談時，對下屬員工提出的年績效改進計劃，完成率達到 100%
	安全管理	明確本部門每個崗位的安全責任，並與考核掛鉤，檢查落實到位，本部門工作範圍內安全事故為 0，安全隱患為 0
	員工出勤	部門員工出勤率達到××%以上，部門人均遲到次數不超過×次
	……	……

續表

指標類別	指標項目	績效考核指標
個人能力考核指標	基本知識	完成上年績效考評回饋面談時，主管對行銷部經理提出的下年需要學習的基本知識，如行銷知識、產品知識……
	工作技能	完成上年績效考評回饋面談時，主管對行銷部經理提出的下年需要提高的技能，如溝通能力、策劃能力……
	年自學	在年考核期內，自學×本有關公共關係、市場行銷方面書籍
	學習	參加本單位學習和活動，出勤率達到××%以上
	業務培訓	參加本單位統一組織的各種業務知識及工作技能培訓學習，出勤率達到××%以上
	……	……

　　工作績效是一個人一年來實實在在的工作結果，幹了什麼，就是什麼，應當以績效指標來衡量。因此，直線主管的工作績效應當包括部門業務考核指標、管理責任考核指標和個人能力考核指標，但不包括年度定性評議結果。

6 一般員工的績效考核體系

　　一般員工績效考評與直線主管考評體系的構成，一般而言是相同的，但在內容方面有所區別。在第一部份，業務指標方面直線主管通常用的是關鍵績效指標，而一般員工是一般績效指標；在第二部份，責任指標方面直線主管考核的是管理責任，而一般員工考核的是工作責任，每個崗位的工作責任在其崗位說明書中都有明確界定；在第三部份，個人能力部份，直線主管與一般員工要求相同；在第四部份，年定性評議部份，直線主管與一般員工也沒有區別。一般員工也需要一年一度的定性評議。

圖 2-6-1　一般員工考評思路及體系

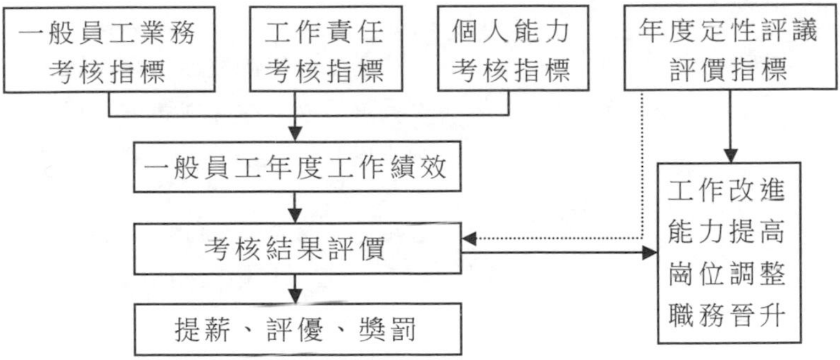

```
┌──────────┐ ┌──────────┐ ┌──────────┐   ┌──────────┐
│ 一般員工業務 │ │ 工作責任  │ │ 個人能力  │   │ 年度定性評議 │
│ 考核指標    │ │ 考核指標  │ │ 考核指標  │   │ 評價指標   │
└──────────┘ └──────────┘ └──────────┘   └──────────┘
       │                                        │
       ▼                                        ▼
┌──────────────────┐              ┌──────────┐
│ 一般員工年度工作績效  │              │ 工作改進  │
└──────────────────┘              │ 能力提高  │
       │                          │ 崗位調整  │
       ▼                          │ 職務晉升  │
┌──────────────────┐◄┄┄┄┄┄┄┄┄│         │
│ 考核結果評價        │              └──────────┘
└──────────────────┘
       │
       ▼
┌──────────────────┐
│ 提薪、評優、獎罰      │
└──────────────────┘
```

　　在一般員工績效考評體系中，各部份內容的含義及作用，與直線主管考評體系基本相同。一般員工績效考評指標案例見表 2-6-1 所示。

表 2-6-1　行政後勤崗位的績效考評指標（部份）

指標類別	指標項目	績效考核指標
業　　務考核指標	固定資產賬目的建立	每週一次匯總《固定資產使用調撥單》，按照《固定資產管理辦法》中規定的明細要求錄入固定資產賬目完成率100%，準確率100%
	固定資產的核查、清點	每三個月按照《固定資產管理辦法》，對各部門的固定資產進行一次清點完成率100%，準確率100%
		清點工作結束後三個工作日內，完成清點工作報告。並在一個工作日內將清點結果回饋到直接上級和資產使用部門經理，完成率100%
	固定資產的調撥轉移手續辦理	每週五下班前，將本週辦理的《固定資產調撥轉移單》(財務聯)送財務部，完成率100%
		每週對《固定資產賬目》進行一次更新，準確率100%，完成率100%
		固定資產的調撥轉移申請單和報修單，在一個工作日內給予處理答覆，滿意率100%
	請購單匯總	每天一次匯總物品請購單，並於下班前完成《請購單匯總明細表》，準確率100%，完成率100%
	市場價格調研、確定採購意向	在接到請購單兩個工作日內完成市場詢價，品質對比，提出初步購買意向建議上報審批，信息準確率100%，完成率100%
	實施採購	按照上級的審批結果，在兩個工作日內完成採購工作，保證物品到位，完成率100%，準確率100%
	實施採購	每月25日前，完成當月採購的報銷審批手續，完成率100%，差錯率為0
		臨時突發性補充採購，諸如幾個螺絲、配件等，金額較小一件一清，不拖欠貨款。拖欠金額為 0，非專項工程使用的物品每週結算一次，完成率100%
	交辦任務	完成上級交辦的臨時工作任務，主管的滿意率達到××%以上
	……	……

續表

指標類別	指標項目	績效考核指標
工作責任考核指標	個人出勤	個人在年考核期內出勤率達到××%以上
	工作紀律	在工作期間遵守紀律和有關制度，違反紀律行為次數為 0
	集體活動	按時參加各種活動和會議，並遵守會議和活動的規定和紀律，出席率達到××%以上；違反規定和紀律的次數為 0
	遵紀守法	嚴格遵守法律、法規，執行有關政策。在年考核期內，違法違規事件為 0
	制度執行	嚴格遵守本組織的各種規章制度，違反制度次數為 0
	安全責任	對本崗位的安全負責，確保工作範圍內安全事故為 0，安全隱患為 0
	崗位之間協調	與業務有關崗位的協調與合作對象的滿意率達到××%以上
	……	……
個人能力考核指標	基本知識	完成上年績效考評回饋面談時，主管對本人提出的下年需要學習的知識，如採購基礎知識……
	工作技能	完成上年績效考評回饋面談時，主管對本人提出的下年需要提高的技能，如提高採購談判技能……
	年自學	在年考核期內，自學×本有關行政後勤管理方面書籍
	業務培訓	參加本單位統一組織的各種業務知識及工作技能培訓學習，出勤率達到××%以上
	……	……

7 要逐步推進績效考核體系

企業績效考核體系，要有系統的、逐步的推進，才能確保它的成功，並減少不必要紛爭。

一、某個部門先試點

具體企業的績效管理體系的設計和實施工作是一個系統工程，需要經過一個循序漸進的過程，不可能一蹴而就。一般來說，它遵循試點→運行→修訂→全面推廣的過程。

所謂試點就是要先在某一個單元，例如一個部門、一個小的工廠進行績效管理體系的試設計和試運行。採用試點的方式可以使風險降低到最小，所取得的成功經驗又有助於體系的全面高效推廣。

試點應當具有代表性，是整個企業的一個縮微而不是一個局部，如果單純選取一個職能部門或者一個生產單位，就不能發現績效管理體系在不同部門應用的特點。所以，也可以各選取一個職能部門和一個生產單位作為試點，使得試點具有全面性。

績效管理體系應該先試點，首先需要對主管和員工進行廣泛的培訓，使他們能夠理解績效管理體系的意義和實施方法，並進行實際的操作，例如兩個月，或者兩個季，至少要走完兩次完整的績效管理流程，這樣才可以更加充分地發現問題。透過這種在試點的運行試驗，體系推行和運營過程中可能出現的問題和難點就可以充分暴露出來，這便於設計人員和推進人員在隨後更大規模的推廣中予以改進和

掌握。

　　在進行試點的過程中，設計人員就要對出現的問題及時進行解決，對有關體系方面的問題進行修訂，使得績效管理體系更加適合整個企業的需要。

二、逐步推進，分層實施

　　經過試運行的績效管理體系在企業進行全面推廣也仍然需要一個過程。為了逐步推進，減緩壓力，可以採取分層實施，按照先組織、後個人的次序來進行，即先不針對個人，而是進行組織績效評價。組織績效評價一方面在指標方面相對容易量化，推進起來比較容易。另一方面，因為對事不對人，比較容易為員工所接受。當在組織層面推進比較成功後，再推到員工層面。畢竟，業績的責任需要由具體的員工來承擔，績效管理也不是簡單的業績考核。

三、先推進工作目標，後價值觀與行為表現

　　有的企業的績效管理體系不僅包括工作目標部份，還包括價值觀與行為表現或者能力發展部份，在推行初期可以先推進工作目標部份，因為其可衡量程度高，更容易被員工所接受，在一段時間之後，績效管理的理念深入人心了，主管人員也較好地掌握了評價的技能，再推行價值觀與行為表現或者能力發展的部份。

四、進行績效管理培訓

全面推廣績效管理體系離不開充分的、自上而下的績效管理培訓。在培訓中，要使員工清楚績效管理的意義與必要性、責任主體、績效目標的設置方法、績效考評方法、績效結果的應用等問題。這種培訓覆蓋全體參加績效管理的員工，因為培訓重點有所不同，有必要對主管和員工的培訓分開進行。對主管還需要進行輔導、激勵、傾聽、提問、說服等技能的培訓，如果缺乏這些必要的溝通技能，績效管理就難以有效地進行下去。

為增強培訓的有效性，一般請專業的外部培訓機構進行培訓，所謂「外來的和尚好念經」，相對而言，外部機構的培訓效果要比內部培訓師進行培訓的效果要好得多。當然，來自那些已經成功實施績效管理的企業的專業人員也更能夠得到主管和員工的認同。大部份企業都借助於外部力量來推動績效管理工作，有時候是諮詢機構提供全程服務，有時候是部份借助外部力量的培訓和經驗分享。

培訓中要進行類比的目標設置、績效考評、績效面談，透過小組討論來使員工儘快熟悉有關流程。同時使主管掌握評估、輔導、激勵、解釋、傾聽、說服等技能，預先發現可能的問題，並參與尋找解決問題的方法，這樣的培訓方式在減少考評的錯誤方面具有良好的效果。

五、及時提供專業的技術支援與輔導

在實施的過程中，專業部門提供現場的、及時的技術支援與輔導非常重要。主管人員對於績效管理的熱情是短暫而有限的。當他們在

目標設置、績效分類，特別是界定那些難以衡量的工作等問題上遇到困難時，要保證他們有便捷的途徑來尋求專業人員的幫助，這種求援需要得到迅速而有效的回饋，這樣才能維繫大家的熱情。如果回應速度較慢，主管人員的熱情會逐漸減弱，從而使推廣工作的速度放慢。

六、發揮員工參與的積極性

在實施績效管理的各個階段都需要發揮員工參與的積極性。績效管理的目的在於把人考活，激勵或者促使員工更好地工作，而不是把人考死，使得員工對績效管理避之不及。績效管理的主體是各級主管和員工，他們在專業人員的指導下自行設計績效目標菜單，這樣可以更加符合每個職位的特點，提高績效管理的有效性，也有利於員工梳理自己的工作內容和目標，發揮員工在工作中的主動性和創造性。

七、有耐心地推進和完善績效管理體系

績效管理體系的逐步完善和推進需要一定的時間，不可能所有的企業都一下子達到水準。在一個企業完整地實施績效管理體系——績效管理體系能夠較好地與企業的實際需要相適應，員工每到一個考核週期期末能夠習慣性地進行自我評價。

八、逐步推行應用

績效結果的應用是績效管理的重要環節，缺乏結果應用的績效管理往往導致績效管理的形式化。但是，在績效推進的初期，因為績效

管理體系還不完善，同時主管人員在績效考評方面也缺乏成熟的技能，往往導致結果的不真實性。一旦將績效結果與薪酬等聯繫起來，績效評估將變成一個非常敏感的問題，員工會格外認真地看待績效結果，如果主管人員缺乏足夠的技能做出客觀公正的評價結果，可能會造成不良的後果。所以，要把績效結果與有關人力資源功能聯繫起來，必須保證績效管理系統的可靠性，才能收到應有的效果。一般在績效管理體系推行的第二年開始原則性的掛鈎，第三年才可以提出具體的掛鈎方案。

九、績效管理體系的制度化和規範化

要注重使績效管理體系制度化和規範化，形成正式的文字。在實施的每一年發現的新問題，都要及時提出解決方案並補充到制度中去。可以每年更新一次績效管理操作手冊，便於員工及時掌握有關新的變化。

第 三 章

工作崗位分析是績效考核基礎

1 工作崗位分析為績效提供基礎

　　工作崗位分析是人力資源開發的基礎，所以績效考評體系的建立，特別是建立客觀量化考評機制，設計量化考核指標，更需要這個準確的崗位分析。

　　現在的問題是，很多單位的工作崗位分析不科學，不全面，界定不清楚，如對人事經理工作崗位職責的描述：

　　⑴負責人才戰略規劃工作；

　　⑵負責員工培訓工作；

　　⑶負責績效管理工作；

　　⑷負責薪酬管理工作；

　　⑸負責勞資關係處理；

　　…………

從表 3-1-1 可以看出，在績效量化考核指標設計時，那個指標需要考核，那個指標不需要考核，只是一個選擇問題。考核指標是高了，還是低了，只是一個協商問題。

表 3-1-1　人事部經理崗位說明書（部份）

	序號	工作崗位職責及工作標準
工作職責	1	每年 10 月 31 日前，指導下屬編制下年公司管理人員培訓大綱，完成率 100%，大綱有效性達到 90%以上
	2	每年 11 月 30 日前審定次年課程設置方案並寫出可行性報告，提出新課程開發方案，完成率 100%
	3	根據課程設置情況，在計劃規定的時間內審定培訓教材的開發及選用方案，並擬出可行性意見，組織有關人員編寫新教材，完成率 100%，學員對教材的滿意率達到 90%以上
	4	每年 12 月 15 日前根據課程設置情況，審定培訓教師或培訓機構的選擇，完成率 100%
	5	每月一次審核公司各職能部門培訓經費的使用情況，差錯率為 0，檢查率 100%，完成率 100%
	6	在培訓前一週內與培訓機構簽訂合作協議，與公司外出參加公費培訓的人員簽訂培訓協定，完成率 100%，協定內容的合法性 100%，協議的執行率達到 100%
……	……	

什麼叫負責，什麼叫不負責，根本無法界定，致使工作崗位說明書沒有應用價值，在設計量化考核指標時遇到困難。那麼，如何進行崗位分析才有用？下列就如何進行分析、採用什麼方法進行分析、分析什麼內容，分析的要點是什麼等內容做概要介紹。

一、工作崗位分析的要點與內容

工作崗位分析的內容主要包括：崗位基本信息、工作概述、工作職責、工作責任、工作權限、工作關係、工作流程、工作強度、工作環境與條件、任職資格等。任職資格包括工作所需要的基本知識、工作技能、工作經歷與經驗、綜合能力和工作體能、心理素質等。由於崗位基本信息、工作概述比較簡單，在此不做介紹。

1. 工作職責分析

工作職責分析主要是摸清每個崗位的所有工作項目和工作任務，它包括經常做的，不經常做的，固定的，臨時的，即使是偶然事件也包括在內。分析的方法是對每個崗位的工作項目排列，從大項目到中項目，從中項目到小項目，再由小項目到子項目，一直排列到最小要素，分解到不能分解為止。只有排列到最小要素，才能使崗位職責明確，使工作得到量化。這樣分析的目的，是為績效量化考核打基礎。在做崗位分析時要注意，每項分析內容都是為了應用，也就是要考慮到將來應用的接口，如果忽略了這一點，崗位分析就沒有價值。

2. 工作責任分析

工作責任分析主要是分析每個崗位的管理責任、看管責任、品質責任、數量責任、合作責任、安全責任、遵紀守法責任等。需要注意的是，工作責任不同於工作職責。工作職責是明確要幹什麼，如何幹，達到什麼標準，而工作責任是對每項工作負有什麼責任，如兩個部門同樣是管理 5 位員工，就管理職責而言可能相同，但管理責任不一定相同，一位部門主管管理著 5 位後勤人員，一位部門主管管理著 5 位技術人員，其管理責任是不同的。又如看管責任，工作任務完成了，

也就是說崗位職責履行了，可是把工作設備弄壞了，看管責任就沒有盡到。這就是工作職責和工作責任的區別。至於安全責任以及法律責任等，與工作職責的區別就更明顯了。工作責任是績效考評的重要組成部份，在考評中，既要考核工作職責履行情況，也要考核工作責任的負責情況。

3.工作權限分析

為了確保工作的正常開展，應對崗位任職者的工作權限範圍進行分析。權限過大，會導致權力被濫用；權限過小，難以激發任職者的工作積極性，影響工作效率。因此，要對各項工作的權限進行分析，並在崗位說明書中加以說明。

在崗位說明書中明確界定工作權限的目的：一是實施授權管理，激發員工工作積極性，提高工作效率，理順工作關係；二是將工作權限納入績效考核體系。如崗位說明書界定為：「本崗位對某項工作有決策權。」如果在工作當中，崗位任職者在處理此項工作時，動不動就請示上級，有權不敢用；或者自己有權敢用，一決策就出問題，這是能力不足的表現。在績效回饋面談中要對此人提出明確要求，在下年要學習什麼知識，達到什麼程度；在下年要提高什麼能力，達到什麼水準，並將這些要求作為下年績效考核指標。達到了要求給分，沒達到要求扣分。由此可見，對工作權限進行分析，也是績效考評的一項重要內容。

現在很多單位的管理人員和一般員工都存在權限不清的問題，大小事都要請示上級，而且是逐級請示，誰也不敢拍板，最後都由單位的一把手決策定奪，或等待辦公會議集體研究，其結果是把一把手和高層主管做得非常忙碌辛苦，而工作由於決策延遲或高層主管不瞭解情況決策失誤，工作受損，影響組織的績效和競爭力。在當今的信息

時代，一個組織存在這樣的問題是很危險的。層層請示，信息傳遞時間太長，容易錯失良機；權力高度集中，嚴重影響各級管理人員和員工的工作積極性和能動性。所以，進行工作權限分析極為重要。

4.工作關係和工作流程分析

工作關係和工作流程分析，是分析某項工作流程以及與其他崗位工作的協作內容及關係。分析的依據是組織結構圖、操作流程圖、與外部有關部門或有關崗位的聯繫與合作關係等。

組織結構圖可以顯示特定的崗位在組織中與其他崗位的關係以及它在整個組織中所處的位置和地位。組織結構圖應當說明每一項工作的名稱，畫出其關係線路，通過這一線路，特定的工作任職者能夠瞭解他或她應當向誰報告工作，應當向誰發出指令。同時，也明確了該項工作的任職者在那些工作範圍內升遷、調配等。

操作流程圖能夠說明各項工作的程序，先做什麼，後做什麼；應與那些人員或部門協調或商定；先經那個主管或那個部門初步審核，再經部門審定；工作中的那一部份應由誰負責，工作職責如何劃分，如何交接等。此外，還要考慮與外部有關部門或有關崗位的聯繫與合作關係。

工作關係與工作流程的分析，不僅便於不同工作的相互銜接，而且也有利於協調人與人之間的關係，從而提高工作效率，使管理工作規範化。

任何一個單位的工作都是團隊作戰，需要相互支援，相互配合、合作與協調。因此崗位與崗位之間協調、部門與部門之間合作、單位與單位之間的交流與支援都是必不可少的。一個組織或一個部門或一個崗位，要做好協調、溝通與合作須在崗位說明書中明確界定，並與績效考評直接掛鉤，按要求做到了，得分；沒做到，扣分。只要與考

核掛鉤，合作、協調等方面的推諉扯皮事情就會減少。

5.工作強度分析

工作強度分析指在工作時間內，人體做功的多少，能量消耗的大小。工作強度主要包括工作緊張程度、工作負荷量、工時利用率、工作姿勢和工作班制等指標。

工作強度大小，可通過「工作強度指數」來測定，但在條件不具備時，一般用「標準工作量」來表示。標準工作量是反映精力集中程度和用力大小的尺度，它包括：單位時間內完成的工作量；工時和動力消耗率以及它們的正常波動範圍；工作時注意力的集中程度及作業姿勢和持續時間的長短等。工作強度分析是為工作量分析和定編定員打基礎的。這與績效指標設定和崗位工作量平衡直接相關。如果工作強度分析不到位，績效指標設定多少為好，就缺乏依據，工作量的平衡也就遇到困難。目前，很多單位在績效指標設定以及工作量平衡方面遇到困難，都與工作強度分析不科學、不準確有關。

6.任職資格分析

任職資格分析包括基本知識、工作技能、綜合能力、工作經驗、工作經歷、個性特徵、工作體能等內容。

在進行任職資格分析時，要考慮到各項工作對個性特徵的要求。過去，我們對這方面不太重視，事實上人的個性對工作任務的完成、工作職責的履行影響極大。因為人的個性反映到工作上，是人的個性與崗位的匹配或崗位適應性的問題。如果一個人的個性與崗位不合，或者說不適應這個崗位，這個人就很難做好工作，很難做出成效，也就不容易激發其工作積極性。因此，個性分析是非常必要的。個性分析要素包括：寬容性(開放的心胸)、自信心、進取心、責任感、使命感、合作性、自制力、榮譽感、信賴感、積極性、熱情、勇氣等。

考核結果評價的重要依據之一，就是崗位的任職資格，因此任職資格分析非常重要，要按上述要素做全面分析。如果對崗位任職資格界定不清，要求不明，對員工的知識、技能和綜合能力就難以評價，對員工的崗位適應性也難以做出判斷。特別是在科學技術日新月異、知識更新速度加快的當今時代，這一點顯得更為重要。

7. 工作條件與工作環境分析

工作條件與工作環境分析，主要考慮三個方面：一是工作自然環境；二是工作安全環境；三是工作生活環境。這些環境因素對崗位任職者體力狀況、腦力健康以及人身安全都會產生影響。

工作自然環境分析通常考慮的因素有：室內、室外、炎熱、寒冷、溫度驟變、濕度、乾旱、陰冷、整潔程度、空氣污染、充足陽光、刺激性危險、通風、體力、位置高低、日曬等。

工作安全環境分析時，首先分析崗位任職者會受到什麼損傷，然後分析發生損傷的可能性，以及嚴重程度。

工作生活環境分析，主要是分析崗位任職者是否單獨工作、是否在工作期間能夠相互交流、工作地點上下班是否方便等因素。

工作環境與工作條件分析結果，與績效指標設定密切相關。對於在特殊環境下的崗位任職者，其績效指標的設定與自然環境下是不一樣的。

8. 工作指標分析

工作指標分析，在崗位分析中是難度較大的一項工作。這似乎做起來很困難，所以往往在工作描述中採用了定性描述。而定性描述的崗位說明書對定編定員、量化考核、薪酬設計就失去了其應有的作用。所以，在崗位分析中，必須對工作標準進行量化分析，確定每項工作的量化指標。

■ 經營顧問叢書 ③⑤⓪ ・績效考核手冊（增訂三版）..

二、工作崗位分析的基本方法

對工作崗位進行分析時，應根據崗位分析的目標，選用信息採集方法。用於崗位分析信息採集的方法有觀察分析法、工作者自我記錄分析法、主管人員分析法、訪談分析法、記實分析法、問卷調查法、管理職務描述問卷法等。每種方法的用途及所達到的目標是不相同的。由於現代人事管理要求崗位說明書必須是動態變化的，每年都要對崗位說明書進行更新或維護。這就要求崗位分析必須由每個崗位的任職者來做，由每個部門的主管來審核。崗位說明書是員工自己做出來的，說明書的更新和維護就不成問題。否則，就無法進行更新和維護。如果崗位說明書不能及時更新，很快就是死信息。因為，一個崗位的職責、責任和權限等是不可能不變的。

鑑於此，最好是採用問卷調查法和訪談分析法，以問卷調查法為主，將訪談分析法作為一種輔助方法。即將設計好的崗位分析信息採集表發給員工，讓員工自己填寫，採集信息。在對採集信息審核當中如有疑問，再通過訪談分析法解決疑點。這樣既能保證崗位分析的品質，也比較省時、省事。

採用問卷調查法的關鍵是調查問卷的設計，它直接影響著崗位分析信息採集的準確性和全面性。如果調查問卷設計得不科學或不全面，採集的信息就不全面不準確，由此而形成的崗位說明書也就沒有應用價值。此外，要注意的是，在向員工發放崗位分析調查問卷前，對直線主管進行培訓，讓直線主管先學會崗位分析，也就是先培養一批教練，讓這些教練指導員工填寫崗位分析調查問卷。這一點非常重要，否則崗位分析就很難進行。

三、工作崗位說明書案例

　　為使讀者瞭解崗位分析的結果，瞭解崗位說明書基本模式，列出一個崗位說明書的案例模式，供參考。

表 3-1-2　工程部長崗位說明書(部份)

崗位名稱	工程部長		崗位編號	QEN09-10	
所在部門	工程部		直接上級	總經理	
職務定員	1	崗位等級	×× ×	薪資系列	×× ×
分 析 人	×× ×	分析時間	×× ×	審 定 人	×× ×
工作概述	在總經理領導下，全面負責工程部的管理工作，宏觀掌握生產信息，以供正確決策；指導集團公司施工生產，為生產提供服務保障，並協助總經理負責集團公司施工生產的組織、管理工作，確保施工生產順利進行				
工作職責	序號	工作崗位職責及工作標準			
	1	1.1 每年元月 20 日前組織制訂集團公司本年生產計劃並實施，完成率 100%，高層主管對計劃實施滿意率達到 95%以上			
	2	1.2 每季最後一個月 25 日前組織制訂集團公司下季生產計劃，並組織措施，完成率 100%，計劃有效性達到 95%以上			
	3	1.3 每月 27 日前組織制訂集團公司下月生產計劃，並組織措施；完成率 100%，計劃有效性達到 95%以上			
	……	……			
	7	1.7 略			
	……	……			
	20	2.1 略			
	21	2.2 略			
	……	……			
	30	3.1 略			
	……	……			

工作職責	85	8.1 安排部署上級機關、上級對生產的指示，並督促實施檢查落實，完成率 100%
	······	······
	90	完成交辦的其他工作
	······	······
工作責任	管理責任	略
	看管責任	略
	經濟責任	略
	生產責任	略
	······	······
工作權限	決策權	略
	審批權	略
	······	······
工作關係	部門內工作關係	略
	組織內工作關係	略
	組織外工作關係	略
	······	······
工作流程	略	
工作強度	工作緊張程度	略
	工作負荷量	略
	······	······
任職資格	基本知識	略
	基本技能	略
	身體條件	略
	······	······

2 基於崗位職責的績效指標設計

職責是部門和崗位比較穩定的核心，是對其主要工作內容的描述、總結和概括，不同於工作目標。例如，銷售經理崗位的工作職責，可能是「透過銷售產品獲得銷售額和市場佔有率」，而工作目標可能是實現銷售收入 20 萬元、市場佔有率達到 30%。

職責劃分是提高工作效率，優化工作流程的基礎。對於可以直接透過工作結果進行衡量的職責，可以透過關鍵績效指標進行考核。但對於較穩定的基礎性、職能型崗位而言，工作結果無法定量衡量，需要突出對崗位職責履行情況的考核。

1. 理順工作流程，明確工作職責

基於職責績效指標設計的依據是工作職責，指標的有效性和實施效果決定於職責設置的合理性和職責的清晰性。因此，基於職責績效指標設計的第一步是明確工作職責。

⑴根據企業的戰略規劃和經營目標，優化企業的核心業務流程；根據業務需要確定合理的部門設置，明確各部門的功能定位和職責劃分。

⑵依據企業的核心業務和部門功能定位、職責劃分，理順部門內部工作流程和工作關係，制定合理的崗位配置方案。

⑶進行工作分析，明確各崗位的工作職責。工作職責最好以文字形式確定，常見的方式是作為崗位說明書的內容予以明確。制定的崗位職責必須保證：各崗位職責飽滿、無冗餘；部門職責劃分無遺漏，崗位職責無交叉。

2.分析工作職責，提煉績效指標

在明確工作職責的基礎上，分析工作職責，確定工作產出，並基於此提煉崗位績效指標。

(1)確定核心職責

並不是所有的工作職責都要進行考核，績效指標設計時所依據的工作職責應是崗位的核心工作職責。

核心工作職責主要體現為：該項職責是本崗位主要工作的體現，佔用工作時間較長；或者雖然不經常發生，但對崗位乃至企業影響重大的工作職責。崗位核心職責是崗位價值的主要體現。核心職責的確定還可以採用歸納綜述和對比排序的方法。同時，應注意崗位職責描述中使用的動詞。例如，「負責」「制定（修訂）」這些體現的是重要職責，「參與」「協助」等是對次要職責的描述。核心職責確定後，必須經部門負責人（該崗位直接上級）審核、確認。

(2)細化工作職責，確定工作產出

基於工作職責的績效指標是對工作職責履行情況的衡量，指標必須能夠反映主要職責的工作產出。

根據確定的核心職責，結合工作實際和工作流程，分析具體工作行為，確定工作產出。工作產出可以是有形的產品，也可以是無形的服務或工作行為。

(3)提煉績效指標

根據工作產出的個性特徵，明確工作職責的衡量維度，提取績效指標。

對同一工作產出可以從不同角度（時間、數量、品質等）進行衡量、評價，所以同一工作產出可以提煉多個績效指標。

3 建立工作崗位模型，明確標準

　　能力模型是建立現代績效考評體系的基礎，是評價員工能力與素質高低的衡量標準。有的讀者可能會提出疑問，在崗位說明書任職資格中已經對崗位任職者的素質與能力提出了要求，這就是評價員工能力與素質的衡量標準，還要能力模型幹什麼，這有什麼區別？這兩者是有區別的，在崗位說明書任職資格中只是提出了崗位所需要的能力與素質的要素名稱和定性的標準等級要求，如：「本崗位需要較強的自信心」，「本崗位需要較高的結果導向能力」等。什麼叫「自信心較強」，什麼叫「結果導向能力較高」，誰也說不清楚，所以在績效評價時，員工的素質與能力評價沒有標準。而能力模型對能力高低做出了界定（表 3-3-1），如某員工的工作行為是 A_1 或 A_2，該員工的結果導向能力就是低水準；如果某員工的工作行為是 A_5，該員工的結果導向能力就是較強。通過一對比，結果一目了然，每個員工都可以進行自我評價。這樣就增加了績效評價的科學性，減少了人為因素。

　　能力模型是績效考評的重要依據，是衡量員工能力高低的標準尺。因此，建立能力模型是現代績效考評體系的一個重要組成部份。那麼什麼是能力模型、能力模型構成要素是什麼、如何建立能力模型以及能力模型案例如何，下面就有關內容做簡單介紹。

表 3-3-1 結果導向能力標準

能力層級	行為特徵層級
結果導向 能 力 低	A₁：對工作沒有特別的興趣，只關注自己分內的事情
	A₂：試圖把工作做好、做對，但由於缺乏工作效率導致績效改進不明顯
結果導向 能 力 中	A₃：對上級下達的績效目標，能夠完成，但沒有產生卓越績效
	A₄：能夠完成上級下達的績效目標；主動地對工作方法、工作流程進行具體的變革或改進，但效果不明顯
結果導向 能力較高	A₅：目標具有挑戰性並能完成。例如，在一個年內將銷售額提高了20%；敢於承擔一定的風險。面對未來的不確定性，在系統分析深入思考的基礎上，敢於集中一定的資源或時間進行創新，改進績效或實現挑戰性目標
結果導向 能 力 高	A₆：敢於面對挫折，面對困難，採取持久的行動，達不到目的決不甘休；始終認為辦法總比問題多

一、能力模型構成要素

能力模型的構成主要包括個性要素、必備知識要素、工作技能和綜合能力要素以及工作經歷與經驗要素等。

1.個性要素

所謂個性要素是指一個人內在的特質，也就是一個人固有的個性。這種特質的行為表現或個性特徵，就是一個人的習慣性行為，或稱為潛意識行為。這種行為對工作態度、工作績效影響很大，甚至直接影響一個人事業的成敗。個性要素如表 3-3-2 所示。

表 3-3-2 個性要素名稱表(部份)

個性要素名稱		
(1)原則性	(2)堅定性	(3)民主性
(4)求實精神	(5)事業心	(6)紀律性
(7)廉潔性	(8)服務性	(9)樂群性
(10)敏銳性(聰慧性)	(11)穩定性	(12)恃強性(影響性)
(13)興奮性(活潑性)	(14)有恆性	(15)敢為性(交際性)
(16)敏感性(情感)	(17)懷疑性	(18)幻想性
(19)世故性(隱秘性)	(20)憂慮性(自慮性)	(21)變革性(實驗性)
(22)獨立性	(23)自律性	(24)緊張性
(25)支配性	(26)上進心	(27)社交性
(28)自在性	(29)自信心	(30)幸福感
(31)同情心	(32)責任心	(33)社會化
(34)自製力	(35)好印象	(36)寬容性
(37)同眾性	(38)遵循成就	(39)獨立城就
(40)精幹性	(41)心理性	(42)靈活性
(43)女性化	(44)管理潛力	(45)工作態度
(46)創造性氣質	(47)領導潛力	(48)性格內/外向
(49)規範性	(50)實現水準	(51)成功慾望
(52)果斷性	(53)嚴密性	(54)幽默性
(55)變通性	(56)衝動性/安詳性	(57)適應性/焦慮性
(58)怯懦性	(59)風險動機	(60)權力動機
(61)親和動機	(62)成就動機	(63)心理承受力
(64)堅韌性	(65)合作精神	(66)條理性
(67)可信賴性	(68)主動性	

2.必備知識要素

必備知識是指崗位任職者應掌握的基本知識、專業知識、環境知識以及本組織的有關知識等。

3.工作技能、綜合能力要素

工作技能是指崗位勝任者和卓越績效者所需的實際操作技能。不同的崗位，有不同的工作技能要求。有的人只有理論知識，不能實際操作。這些都不能滿足崗位的要求。所以，在能力模型中，要考慮到不同的崗位對工作技能的需求。工作技能強調的是操作技能，也就是實際動手、動筆能力。如外語的聽說寫能力、電腦操作技能、各種文字材料書寫能力、策劃與規劃能力、設備維修能力等。綜合能力是指工作技能以外的所有能力。有時候在綜合能力中也包括工作技能。

表 3-3-3　工作技能和綜合能力要素名稱（部份）

工作技能和綜合能力要素		
⑴觀察能力	⑵綜合分析能力	⑶理解能力
⑷判斷能力	⑸反應能力	⑹創新能力
⑺口頭表達能力	⑻書面表達能力	⑼社交能力
⑽學習能力	⑾解決問題能力	⑿決策能力
⒀組織能力	⒁知人善任能力	⒂協調能力
⒃業務操作能力	⒄信息採集能力	⒅思維敏捷能力
⒆邏輯思維能力	⒇空間想像能力	㉑數理能力
㉒發散性思維能力	㉓策略性推銷技能	㉔諮詢技能
㉕自我控制能力	㉖動手能力	㉗公共服務能力
㉘心理調適能力	㉙調查研究能力	㉚應付突發事件能力
㉛前瞻性能力	㉜關注細節能力	㉝指導能力
㉞商業導向能力	㉟成本意識能力	㊱顧客導向能力

續表

工作技能和綜合能力要素		
⑶委派任務能力	⑻多樣性導向能力	⑼驅動力
⑽情商	⑾移情導向	⑿授權能力
⒀提供與回饋能力	⒁領導能力	⒂傾聽能力
⒃知覺／判斷能力	⒄計劃組織能力	⒅品質導向能力
⒆結果導向能力	⒇安全導向能力	㉑自我發展能力
㉒制訂戰略能力	㉓壓力管理能力	㉔團隊工作能力
㉕技術應用能力	㉖時間管理能力	㉗影響力
㉘客戶服務意識		

4.工作經歷與經驗要素

工作經歷是指從事某類工作或從事類似某類工作的年限。在建立能力模型時可根據實際情況提出工作經歷的年限要求。

工作經驗不同於工作經歷，工作經驗是指掌握有關工作的技巧及規律的程度。有的員工在一個崗位上幹了5年，什麼經驗也沒有，而有的員工在這個崗位上只幹了2年，經驗卻很豐富。所以，具有某一工作的經歷並不等於具有這方面的經驗。在建立能力模型時，也要對工作經驗提出具體要求。

二、建立能力模型的基本步驟與操作方法

1.建立能力模型的基本步驟
建立能力模型基本步驟如下：
⑴開展技術培訓，掌握操作方法；

- 93 -

⑵分析相關信息，確定能力模型重點；

⑶確定模型框架，設計模型格式；

⑷確定標準樣本方案，選取標準樣本；

⑸選用適當方法，採集數據信息；

⑹分析採集信息，進行要素提煉；

⑺能力要素歸類，初建能力模型；

⑻能力要素評價，能力模型驗證；

⑼能力模型應用，模型修訂與完善。

2.建立能力模型信息採集方法

信息採集的方法有行為事例訪談法、專家小組討論法、問卷調查法、專家系統數據庫法等。

三、能力模型的基本架構及格式

崗位勝任能力模型的基本格式之一見表 3-3-4 所示。

表 3-3-4　崗位勝任能力模型要素構成及標準等級表格形式

崗位名稱：		崗位代號：				
類　別		素質與能力要素	崗位勝任能力標準等級和層級			
			低	中	較高	高
個性特徵						
必備知識		最低學歷：				
	專業知識					
	環境知識					
	組織知識					
工作技能與綜合能力						
經歷經驗	經歷	從事一般工作經歷				
		從事管理工作經歷				
	經驗					

4 工作崗位勝任能力模型案例

一、人力資源部經理崗位勝任能力模型

人力資源部經理崗位勝任能力模型案例如表 3-4-1。

表 3-4-1　人事經理崗位勝任通用能力模型要素構成

崗位名稱：人事部經理　　　　　　崗位代號：

類別	素質與能力要素		崗位勝任能力標準等級			
			低	由	較高	高
個性特徵	原則性		——			
	責任心		——			
	親和動機		——			
	自制力		——			
	自信心		——			
必備知識	最低學歷與資格：		本科或相當於本科以上學歷			
	專業知識	人力資源開發管理	——		——	——
		管理學	——			
		心理學	——			
		組織行為學	——			
		財務知識				
		核心產品專業知識	——			

續表

必備知識	環境知識	人事方面法律法規	——	——	——	
		人事政策	——	——	——	
		同行業薪酬水準	——	——	——	
		人才管理發展動態	——	——	——	
	組織知識	組織內制度與政策	——	——	——	
		組織的主要工作流程	——	——	——	
		機構設置、部門崗位	——	——	——	——
		組織文化	——	——	——	
工作技能與綜合能力		人力資源開發與管理技能	——	——	——	
		綜合分析能力	——	——	——	
		溝通與協調能力	——	——	——	——
		制訂人才戰略能力	——	——	——	
		文字表達能力	——	——	——	
		影響力	——	——	——	
		自我控制能力	——	——	——	
		學習能力	——	——	——	
		……				
經歷經驗	經歷	從事人事管理工作 5 年以上				
		或從事人事管理工作 2 年以上，從事其他管理工作 3 年以上				
	經驗	人才招聘面試經驗	——	——	——	
		勞資關係處理經驗	——	——	——	
	成果	略				

該模型中提出了人力資源部經理崗位所需的個性特徵、必備知識、工作技能與綜合能力以及工作經歷和經驗等要素，並對每個要素所需的標準等級進行了界定。在能力標準等級中，什麼是「低」，什麼是「中」，什麼是「較高」等，都有明確的說明。如以「自信心」個性要素為例，詳見表 3-4-2。其他要素在此不在列舉。

表 3-4-2 「自信心」要素的標準等級劃分

標準等級	自信心行為特徵的層級劃分
自信心低	A₁一般對自己的能力持懷疑態度，常常表現得很無助，明顯缺乏自我表現能力；全盤否定自己
	A₂只是一味地服從；對各種挑戰敬而遠之；將失敗的原因歸因於他人或外部環境，視自己為受害者
自信心中	A₃獨立做出決策，在沒有監督的條件下能夠獨立工作
	A₄給人以深刻的印象。不顧他人的反對，將自己的決策化為行動；不接受失敗，即使知道責任或問題出在自身
自信心較高	A₅主動接受挑戰。很樂意接受挑戰並尋求額外的新任務。面對上級管理者，能夠機智且禮貌地向管理層與下屬表達自己的反對意見，明確堅持自己的立場；從錯誤中吸取教訓。通過分析行為過程能夠找到失敗的根源，並在未來的工作中加以防範與糾正
自信心高	A₆將自己置於挑戰性極強的環境中。直截了當地面對上司與下屬，選擇承擔挑戰性極強的任務。允許自己對他人犯錯誤，並採取行動加以改正

二、財務部經理崗位勝任能力模型

財務部經理崗位勝任能力模型見表 3-4-3 所示。

表 3-4-3　財務部經理崗位勝任能力模型要素構成及標準等級

崗位名稱：財務部經理			崗位代號：		
類別	素質與能力要素		崗位要求程度		
個性特徵	原則性		——	——	——
	責任心		——	——	——
	自信心		——	——	——
	敏感性		——	——	——
	懷疑性		——	——	——
	興奮性		——	——	——
必備知識	最低學歷：		本科		
	專業知識	會計或審計專業	具備任職職業資格		
		經營管理學	——	——	
		金融學	——	——	
		核心產品專業知識	——		
	環境知識	會計法	——	——	——
		稅務法	——	——	——
		經濟法	——	——	——
	組織知識	組織內制度與政策	——	——	——
		組織的主要工作流程	——	——	
		機構設置、部門職責	——	——	——
		組織文化	——	——	——

續表

工作技能與 綜合能力	財務預算能力		──	──	──	
	財務核算能力		──	──	──	
	財務審計能力		──	──	──	
	財務管理能力		──	──	──	
	財務分析能力		──	──	──	──
工作技能與 綜合能力	融資與資本運作		──	──	──	──
	電腦操作能力		──			
	協調與溝通能力		──	──	──	
	前瞻性思維能力		──	──	──	
	綜合分析能力		──	──	──	
	判斷力		──	──	──	
	決策力		──	──	──	
經歷經驗	經歷	從事財務管理工作 5 年以上				
		財務管理管理 3 年以上，從事其他管理工作 2 年以上				
	經驗	融資與資本運作	──	──	──	
		財務管理	──	──	──	
	成果					
說明：用「──」表示程度			低		中	高

第四章

績效考核指標的量化方法

為何要實施量化考核？績效考核為何往往流於形式？一個重要原因是績效考核設計和實施不科學，有的甚至還停留在傳統的定性考核階段。考核主觀隨意性較大，沒有反映員工的實際工作效能，導致考核不但不能改善和提高員工工作效率，反而會嚴重挫傷員工的工作積極性。

如何摒除以上弊端，讓績效考核在實際應用中落地，並發揮出其應有的效用呢？量化考核是一種行之有效的解決方案。所謂量化考核，也叫數字化考核，就是將所有的業績考核指標都設計成可以衡量的量化考核形式。

績效考核為何要量化？大量實踐表明，惟有績效考核量化才能摒除傳統定性績效考核的種種弊端。

1 績效考核指標的設計依據

只要績效量化考評基礎工作做好了，績效量化考評指標設計和考評方案設計就非常容易了。無論是一線的生產部門、經營部門、技術部門，還是二線的職能管理部門，還是三線的支撐服務部門，每一項工作都可以做到客觀量化。

如果每項工作的量化指標問題解決了，績效考評方案的設計也就沒有什麼困難了。

在設計績效量化考評指標和績效考評方案時，首先考慮的是基本依據問題，即績效指標從那裏來，通常績效指標從以下三個方面來設定。

一、根據企業目標設定績效指標

企業目標是戰略目標的體現，也是一個單位的年工作重點。在年初，每個單位的高層主管或績效考核小組通常提出一些本年的主要工作指標，這些主要指標就是本年的組織目標，而且這些組織目標都是具體而明確的。

例如：本年經營額達到 20 億元；某產品的市場佔有率由去年的20%增加到 30%；本年的銷售利潤達到××萬元；新產品開發數量達到××種等。把這些組織目標分解到有關部門，有關部門的部份年績效指標就確定了；分解到有關崗位，有關崗位的部份績效考評指標就定下來了。但問題是這些組織目標往往被分解到一線部門，並且這些

指標設定得很高，壓力很大，而職能部門或管理崗位卻沒有明確指標，只能設定一些模糊不清或模棱兩可的定性指標。

許多單位應用目標管理也存在這個問題。所謂目標管理就是將組織的年目標，層層分解，分解到有關部門，分解到具體崗位。所謂年目標，也就是一個單位的經營、生產、技術指標，這就需要依據崗位職責設定職能部門的績效指標。

二、根據崗位職責設定績效指標

崗位職責是設定各部門和每個崗位績效量化指標的重要依據之一。它不但是設定職能部門管理崗位績效指標的基本依據，也是一線上的生產、經營和技術部門設定績效指標基本依據。因為，一線部門除了生產、經營和技術績效考評指標外，還有其他業務指標也需要考核；另外，還有各部門各崗位工作量平衡問題。工作量的平衡必然要考慮其崗位職責。所以，不論是一線部門，還是職能部門，無論是應用目標管理，還是應用平衡計分卡，崗位職責是績效指標不可缺少的依據之一。

現在不少單位績效考評遇到難題，其中重要原因之一就是忽略了崗位職責這個基本依據。如行政辦公室主任(總裁辦公室主任)崗位，其崗位職責見表 4-1-1 所示。

從表 4-1-1 可以看出，行政辦公室主任(總裁辦公室主任)績效指標，是難以從組織目標分解而來的，因為，組織目標都是關鍵績效指標，而關鍵績效指標通常都是生產、經營、技術方面的。

因此，職能部門績效指標設定，應當從其崗位職責選擇。從表 4-1-1 辦公室主任崗位職責可以發現，設定辦公室主任績效指標是比

較容易的。一個部門只有一個人負責，行政辦公室主任的職責就是行
政辦公室這個部門的業務綜合，確定了辦公室主任的績效指標，也就
確定了辦公室這個部門的年績效考評指標。

表 4-1-1　辦公室主任崗位說明書（部份）

	序號	崗位職責及工作標準
工作職責	1	每天下午閱覽基層上報的信息、對秘書編寫的信息進行修改並編寫信息，在規定時間內上報，不出現文字和事實錯誤，完成率 100%，文字差錯率 0
	2	每半年到基層調研一次，向主管彙報，寫出調研文章，每年向總公司總裁上報調研文章 2 篇，編發調研信息。上級主管部門對調研報告品質和價值的滿意率達到 90%以上
	3	完成向集團總公司和省市上報的經驗材料和論文，準時按期上報，文字差錯率為 0
	4	在會議召開前兩天為上級準備好文字材料、講話稿。文字的差錯率為 0，上級對講話稿滿意率達到 90%以上
	5	每月 25 日前收集各部門上報的月工作總結和下月工作安排，安排並修改月工作講話，完成率 100%
	6	每季末匯總各部門的總結，並負責季生產會議的文字材料，完成率 100%，有關數字統計準確率 100%，有關發展動態的研判準確性，高層主管的滿意率達到 90%
	……	……

對於一個員工的績效考評指標設定更是如此，不管員工是在那一
個部門，還是在那一個崗位，只要打開其崗位說明書，一看崗位職責
就可以確定其績效考評指標。例如辦公室文員崗位的崗位職責及工作
標準見表 4-1-2 所示。

表 4-1-2　辦公室文員崗位說明書（部份）

	序號	崗位職責及工作標準
工作職責	1	文件交換：每週一、三、五到某某交換站取送文件，完成率 100%，工作失誤率和差錯率為 0
	2	文件收文：每週一、三、五將取回的文件登記行文，當日登記，完成率 100%，準確率 100%
	3	文件發文：各種發文，需要上級簽發的，4 個小時內送有關主管簽發。主管簽發後 2 個小時內填寫發文稿紙；重要文件或急件 1 個小時內，送有關主管審定，審定後按照要求時間將檔印發。完成率 100%，差錯率率為 0
	4	文件傳閱：每日將文件送交公司傳閱，完成率 100%
	5	文件保存：將傳閱後的文件及發文備份件統一保存，一週內歸檔，完成率 100%，準確率 100%
	6	文件的列印、複印：按主管要求進行文件的列印、複印，完成率 100%，差錯率為 0
	7	文件的校對、裝訂、分發、落實工作：將文件校對裝訂後下發到各部室、分公司及基層各單位，完成率 100%，文字差錯率低於十萬分之一，裝訂、分發差錯率為 0
	8	保密宣傳：按要求每季利用展板的形式對全公司員工進行一次保密宣傳，完成率 100%
	9	定密工作：每件密件發文都要在發文稿紙上註明該文件的密級程度，準確率 100%，差錯率為 0
	10	保密檢查：按保密局要求，每月對傳真機、電腦、影印機進行保密檢查，完成率 100%，洩密隱患為 0
	……	……

從表 4-1-2 可以看出，根據辦公室文員的崗位職責及工作標準，

就很容易設定出該崗位的年績效考評指標。

三、根據工作流程設定績效指標

　　績效考評重點考評的是團隊績效。團隊績效來自於個人的努力，大家的合作。這就要求在設定績效考評指標時，不但要考慮到組織目標、崗位職責，還要考慮到工作流程。因為，在設計績效考評方案時，實施客觀量化績效考評是必然趨勢，是現代科學化管理的要求，沒有經過科學化管理階段，就不可能進入人性化管理。但要注意的是，量化考評也有它的弊端。一旦量化考評到位，每項工作都要較真，完成了才算達標，沒有完成就要扣分，沒有任何妥協的餘地。這當然對提高產品品質，提高服務品質，提高效益，是非常必要的，是增強競爭力的有效措施，這是有利的一面。不利的一面是有可能出現單打獨鬥、各自為戰的局面。我這個部門完成了任務，我就可以拿到全額獎金和績效薪資，至於其他部門是否完成任務與本部門沒有關係，在工作中為了完成本部門的績效指標，為了本部門員工的利益，有可能不與其他部門合作，甚至還可能給別的部門製造點麻煩，影響其他部門工作的正常進行。這種情況部門與部門之間可能出現，崗位與崗位之間也可能存在。如果一個單位出現此種狀況，考評方案設計就失敗了。

　　任何一個單位的工作都是遵循一定的流程的，都需要部門與部門之間的配合，需要崗位與崗位之間的合作。因此，在設計績效指標時，既要考慮組織目標、崗位職責，也要考慮到工作流程問題，即本崗位的工作任務完成了，但給其他崗位製造麻煩了，扣分；本部門工作指標完成了，但給其他部門添亂了，扣分。只有完成了本部門的指標，也為其他部門工作提供了條件，只有完成本崗位績效指標，也與其他

崗位進行了密切合作提供了方便，才能達到合格的績效標準。

　　這裏需要注意的是，在設定部門或員工個人績效指標時，要考慮近幾年的工作績效指標狀況以及實際完成的情況，這些情況對設定本年績效指標有很大的參考價值。

2 績效考核指標的原則

一、績效指標要明確而具體

　　在設計績效量化考核指標時，要把握住績效量化的基本原則。這一點非常重要。人力資源部的工作人員以及各級直線主管都必須熟練掌握。它關係到一個組織的績效量化考評體系能否建立，能否正常實施的問題。如果人力資源部工作人員不瞭解，對各部門的績效指標就不能量化。如果各級直線主管不瞭解，本部門的績效指標就不能量化，特別是對於各級直線主管顯得尤為重要。實際上很多單位績效量化考評體系建立不起來，或者是說無法量化，問題基本上都出在這裏。

　　績效指標的設定，要做到明確而具體。所謂「明確而具體」就是要用具體的語言清楚地說明要達成的績效指標。一是要明確規定績效數量指標。沒有數量就難以衡量，什麼是多，什麼是少，什麼叫貢獻大，什麼叫貢獻小，就說不清楚，考評就會做不到公平公正。二是要明確規定績效品質指標。品質是一個組織的生命，品質標準不明確，就不能生產出合格產品或提供優質服務。沒有品質的產品，是不會有市場的，沒有品質的服務，客戶是不會滿意的，沒有品質標準，數量

有可能失去意義，沒有工作品質的績效標準，考評也就失去作用。三是要明確完成時限。績效指標必須與時間相關聯，要有時間和進度的衡量標準。如果沒有事先約定的時間限制，那就不能稱其為績效量化指標了。每個人對一項工作的完成時間各有各的理解。如上級認為下屬應早點完成，下屬卻認為不用著急；等到期末下屬尚未完成，上級指責下屬工作不力，下屬卻覺得很委屈或不滿。這樣不僅傷害了下屬的工作熱情，同時下屬還會感到上司不公平。

因此，績效量化指標必須由三個部份構成：即工作時間、工作數量和工作品質。例如診斷五家企業的績效考核狀況，獲致下列缺失。

案例一：	
不明確的績效指標	具體而明確績效指標
及時閱讀基層上報的信息，對秘書編寫的信息進行修改並編寫信息。	每天下午閱覽基層上報的信息、對秘書編寫的信息進行修改並編寫信息，在規定時間內上報，不出現文字和事實錯誤，完成率100%，文字差錯率0。
案例二：	
到基層調研，並向高層主管提交調研報告。	每半年到基層調研一次，向上級彙報，寫出調研文章，每年向總公司總裁上報調研文章2篇，編發調研信息。上級主管部門有關對調研報告品質和價值的滿意率達到90%以上。

續表

案例三：	
及時匯總各部門總結上報。	每季末匯總各部門的總結，並負責季生產會議的文字材料，完成率 100%，有關數字統計準確率 100%，有關發展動態的研判準確性，高層主管的滿意率達到 90%以上。
案例四：	
盡可能將本公司的 1.5V 電池向外推銷。	應於 3 月 30 日前，將本公司產的 1.5V 電池銷售出 5 萬隻。
案例五：	
2013 年 7 月 1 日以前，在不增加任何人力和成本的條件下，大大提高我單位的效率。	2013 年 7 月 1 日前，在某區域內，銷售毛利增加 2%，此數字一直維持到 2013 年 12 月底。

二、績效指標要可衡量並可查證

　　績效指標應有明確的量化指標，並可以查證。也就是說，績效指標的設定不能用模棱兩可、含糊不清的語言，例如立刻、馬上、隨時、定時、定期、維持等語句。如果用這些含糊不清的語句，績效指標就無法度量和查證，執行者就會因為沒有具體的指標要求和約束，而少做工作，或者只是做個樣子敷衍了事。因為崗位任職者認為沒有具體指標要求和約束他們必須做到什麼程度，只要做了就可以了，做成什麼樣，都能合格。

　　績效指標的階段指標也要能夠衡量，讓執行者明確，以便掌握和控制進度，便於檢查、跟蹤考核。如果崗位任職者不能準確檢測所要

- 109 -

達到的數量或品質，那麼，這個績效指標是毫無意義的。何時應達到何種狀態？所要達到的檢測數據或參數是什麼？例如，如果要想確定著眼於提高服務顧客的方針，則應明確規定「提高服務顧客」的具體含義，預先規定應根據那些指標和方法在規定的時間內來考核和評價它。績效指標具體化之後應該儘量使之數量化，不但易於衡量，而且給企業的績效考察也帶來很大的便利。例如 A、B 二家公司的績效考核狀況：

A 公司案例：

1. 模糊不清的目標

「負責文件秘書工作」。

2. 可度量並可查證的目標

⑴每週一、三、五到某某交換站取送文件，完成率 100%，工作失誤率和差錯率為 0。

⑵文件收文：每週一、三、五將取回的文件登記行文，當日登記，完成率 100%，準確率 100%。

⑶文件發文：各種收文，需要主管簽發的，4 個小時內送有關主管簽發。主管簽發後 2 個小時內填寫發文稿紙；重要檔或急件 1 個小時內，送審定，上級審定後按照要求時間將文件印發，完成率 100%，差錯率為 0。

⑷文件傳閱：每日將文件送交高層主管傳閱，完成率 100%。

⑸文件保存：將傳閱後的文件及發文備份件統一保存，一週內歸檔，完成率 100%，準確率 100%。

⑹文件的列印、複印：按主管要求進行文件的列印、複印，完成率 100%，差錯率為 0。

⑺文件的校對、裝訂、分發、落實工作：將文件校對裝訂後下發

到各部室、分公司及基層各單位，完成率 100%，文字差錯率低於十萬分之一，裝訂、分發差錯率為 0。

B 公司案例：

1. 模糊不清的目標

做好保密工作。

2. 可度量並可查證的目標

⑴按保密要求每季利用展板的形式對全公司員工進行一次保密宣傳，完成率100%。

⑵定密工作：每件密件發文都要在發文稿紙上註明該文件的密級程度，準確率 100%，差錯率為 0。

⑶保密檢查：按要求每月對傳真機、電腦、影印機進行保密檢查，完成率 100%，洩密隱患為 0。

......

三、績效指標要具有挑戰性並可能實現

績效指標設定必須是經過努力可以達到的，過高的績效指標既不能實現又會嚴重挫傷員工的自信心和積極性，而過低的績效指標不用費太大的力氣就可達到，不具有挑戰性，不能激發員工的潛力。

績效指標是行動所要得到的預期結果，績效指標同「需求」一起調整著人的行為，能把行為引向一定的方向，因此績效指標本身就是行為的一種誘因，具有誘發、導向和激勵行為的功能。因此，適當地設定績效指標，能夠激發人的動機，激發人的積極性。績效指標的橫杆水平線設定要適當，要做到像樹上的果子，「跳一跳夠得著」的程度，易於激發進取心。過高了力所不及，過低了不需努力，輕易得到，

都不能收到良好的激勵效果。在確定績效指標的時候，無論績效指標過高還是過低都是危險的，不會讓員工產生工作動力，沒有激勵，員工也不會有所作為，無論是壓力過大，還是績效指標沒有激勵作用，都會導致員工沒有動力和行為障礙。

因此在確定一個績效指標的時候應根據員工的能力，部門擁有的資源和必要的支持，把跳高的橫杆放在恰到好處的位置。績效指標定得過高，「可望而不可及」則變成空中樓閣；績效指標定得太低，「可望便可及」則沒有足夠的吸引力和動力；適度績效指標是「可望又可及」，是組織在艱苦努力經過幾個「驚險的一跳」後躍遷到高階的績效指標。

在一個企業組織裏面，員工的能力是不同的，員工的工作效率及經驗也不一樣，所以在設定績效指標時，究竟「績效指標的橫杆」設多高才具有挑戰性，是大家關注的一個問題。是以員工的最低水準為標準，還是以中下水準為標準？是以中等水準為標杆，還是以中上水準為標杆？

對此問題，通常在一個企業裏，意見是截然相反的。各級直線主管通常是極力反對負激勵，強烈要求正激勵。所謂負激勵，就是績效指標合格線放在一個組織的中上水平線上，只有少數人能夠完成工作任務，達到績效標準，拿超額獎。多數人拿不到超額獎，甚至有一半以上的人，績效薪資或獎金由於沒有達到績效標準而被扣發。所謂正激勵，就是把績效指標定在最低水平線上，讓員工超額，超額 10%，提成多少，超額 20%，提成多少，以此類推。

各位高層主管和人力資源部的工作人員要注意，如果採納了這種所謂「正激勵」的意見，到年底結賬就會發現「虧了」，如果一個部門採用了這種正激勵，這個部門的績效就上不去，如果是一個企業採

用了這種正激勵，這個企業的效益必然受損失。為什麼呢？因為把績效指標設低了，讓員工超額，員工是非常聰明的，「額」是肯定要超的，但超到一定程度，就不超了。員工明白，今年超得太多了，明年的指標就上去了。所以，能多做的，也不做了。本來績效指標設定就低，員工又不願多超額，就會造成整體績效水準下降。所以，這種所謂的「正激勵」是不提倡的。

　　正確的做法是，把「績效指標的橫杆」設在員工中等水準，或中等水準偏上的位置。使那些能力強、效率高、經驗豐富的員工超額，得到獎勵；那些能力低、水準差或效率不高的員工在收入上受到一定的損失。這樣有利於激發有能力員工的積極性，也有利於促進能力低的員工的能力提高和工作改進，充分體現多勞多得的分配原則，體現薪酬分配激勵策略。

四、員工參與績效考核指標的設定

　　在績效指標分解之前，要組織有關人員進行討論。討論的重點是針對組織內外環境及條件，即同行業及相關行業的動向、競爭對手動態、需求動向、組織的經營理念和方針，單位的長、中、短期目標以及相關部門情況等。本組織或本部門今年如何才能完成這些績效指標即採用什麼樣措施，採用什麼樣的手段，採用什麼樣的經營方式，採用什麼樣的經營戰略戰術等。通過討論使每一個員工開闊思路，明確方法，懂得如何才能完成績效指標。這一步非常重要，如果員工不明白如何做，不知道採取什麼措施才能完成任務，思路打不開，方向不明確，績效指標的設定就會遇到困難。也就是，各部門主管可能拒絕接受組織目標分解至本部門的年績效指標，每個員工可能拒絕部門主

管為每個崗位設定的年績效指標。

現在,不少組織的績效指標分解不下去,有的單位到了下半年績效指標還沒有分解下去,其重要原因之一就在這裏。因此,員工的參與也是不可忽略的一個重要原則。特別是在運用目標管理或平衡計分卡的方法時,其績效指標的設定是自上而下的,是從上往下層層分解的,員工參與的原則就更為重要。在分解過程中,如果忽視了這一原則,具有挑戰性的績效指標就很難分解下去。

五、績效考核指標切合實際並上下關聯

績效指標必須是緊密結合本單位的實際,要充分考慮到內外環境因素以及本單位的現狀。並且上下績效指標要成體系,互相關聯,即關鍵績效指標、部門的關鍵績效指標、個人績效指標及崗位職責是相互聯繫緊密結合的。各個部門和每個員工在設定自己的績效指標時,必須按照上級已經確定的績效指標為依據。如果設定的績效指標未能與上級關鍵績效指標相連貫,不管績效指標有多完美,也不能與組織的目標保持一致,還有可能對整體目標的實現起相反的作用。一個部門主管的績效指標,必須與所賦予的權力相一致,各部門內各層管理者的績效指標,也同樣要與其部門內的績效指標一致。如果管理者所定的績效指標與其他主管的績效指標缺乏一致性或者堅持自己的獨立性,在績效管理中就難以形成一體化的績效指標體系。

表 4-2-1　一份失敗的績效指標表格示例

考評項目	考評要素	考評內容	標準分	自評	考評小組	考評得分
姓名： 部門：		考評日期： 職位：				
職業道德 25	忠於職守	熱愛本崗位工作	5			
	工作素質	熱愛集體，尊重領導，配合支持工作	5			
	團結精神	關心他人，團結協作	5			
	業務學習	鑽研業務，勤奮好學，要求上進	5			
	服務態度	對內外客戶服務週到、熱情	5			
工作態度 25	遵守制度	遵守公司各項規章制度	5			
	出勤情況	滿勤	5			
	工作積極性	對高標準做好職務範圍內的業務	5			
	工作責任性	完成本職工作的持續性和責任性	5			
	工作協調性	與同事、上司合作的情況	5			
工作成果 32	完成任務	是否有完成任務的具體計劃安排	10			
	成本意識	努力減少時間、物質上的損失	8			
	創新能力	提出改進工作的建議情況	5			
	特殊成果	給公司在某方面解決重大問題	5			
	培養人才	參加培訓或對他人進行培訓	4			
其他管理 18	能源管理	節約能源（水、電等）	3			
	設備管理	愛護設備，保養好	3			
	財務管理	節約開支，精打細算，遵守財務制度	3			
	物資管理	按計劃領用物資，節約，杜絕浪費	3			
	安全防火	安全防火意識強，能主動做好工作	3			
	計劃生育	嚴格執行計劃生育政策	3			
總計			100			

失敗地方包括：

①不應該試圖用一份固定的表格卻給所有的員工進行評價，從事不同工作的員工其績效計劃表格根據不同職責、層級應有所不同；

②考評內容的設定沒有體現員工自主設定目標的作用；

③考評內容的選擇與工作的關聯度較差，不能體現企業的戰略導向，不能體現工作產出；

④考評內容缺乏可衡量的標準供參照；

⑤考評內容過於煩瑣，沒有重點。讀者還可以分析上表在其他方面的缺陷。

3 確定績效量化的 8 個要素

績效考核要避免傳統考核的不足，就必須由定性化走向定量化。具體來講，績效量化主要包括以下 8 個要素。

(1)歸納考核項目

在量化績效考核時，首先需要明確兩點：考核那些項目？透過什麼方式、方法把它們歸納出來？

在對崗位進行考核時，要根據崗位的主要職責去考核，例如對於人力資源管理部門，一般會考核以下項目：招聘的人數、招聘的財務費用指標、人員流失率、培訓協定的執行情況等等。雖說這些項目很具體，但若沒有科學的工具和方法，考核是無法正常進行的。

(2)列出計算公式

績效量化的第二要素是一定要有計算的方式。既然績效是量化

的，就要計算、統計出來，因此計算的方式決定了計算結果的科學性，也保證了績效能真正得以量化。

(3)界定項目內涵

很多公共部門的考評體系推行不下去，其主要原因之一就是沒有明確項目的內涵，從而導致績效數據不準確。例如人員招聘合格率的內涵和標準就是很難界定的。

在財務裏面有「銷售額」這一名詞，它本應是標準的、規範的，但實際上每一家企業「銷售額」的內涵是不太一樣的：有的是以收到客戶的訂單為準，貨出不出沒關係；有的是以倉庫發出的成品數量乘以單價為準；有的是以客戶檢驗合格之後入倉的數量乘以當時的單價為準。如果在同一家企業，不同部門對銷售額的界定不一致，那考核的標準是不統一的。

(4)確定項目目標

確定項目目標是非常重要的。考核中，通常將目標分為三個層次：第一是最低目標；第二是最高目標；第三是考核目標。最低目標指是底線的基本目標，例如產品合格率為 90%時，是 90 分；為 80%時是 80 分；但為 30%時，就可能是 0 分，因為產品的合格率的最低目標不應低於 60%，而且項目目標是要高於最低目標的。

(5)項目權重配分

所謂權重項目配分，就是指要透過什麼工具來分配考核項目的權重。當今，大多公共部門都是憑感覺來分配考核項目的權重。例如對於培訓的完成情況、招聘完成率和簽訂合約違章率等，在衡量那個項目更重要，每個項目應配多少分時，往往是憑經驗，這個給 50 分，那個給 30 分，加起來湊足 100 分就可以了，缺乏科學可信的工具和方法。

(6)制定評分規則

既然考核要量化，就要評分；而要評分，就要制定評分規則，使考核有據可依，公平合理。例如項目要求做到 90%，分配的權重是 10分，那麼做到 95%的人得分是 10 分，還是超出 10 分？這就需要在評分規則裏規定清楚。

(7)定位數據來源

數據的來源是很重要的，量化考核必定會有一個數據來源，但要保證考核結果的正確性，就要定位數據來源的合理性。

(8)區分考核週期

在實際的績效考核中確定考核週期時，經常會遇到這樣一個問題：如果一個月考核一次，就會有一些月份難以考核。例如說採購成本降低，一個月是無法顯示出來的，沒有業績就不好考核；材料庫存金額降低率要分配到每個月，就不好操作，也就不太好考核。但是如果透過一種工具、一種方式將考核週期統計出來，這些問題就都迎刃而解了。

4 績效指標量化方法

一、績效指標量化方法

1. 數字量化方法

量化考核通常也被稱為「數字化考核」，考核指標量化是指考核指標可以衡量。企業可根據自身的特點設計合理的數字化考核體系，

實現對員工績效的動態監管和視覺化管理。

考核指標數字量化方法如下。

⑴統計結果量化(產量、銷售額、次數、頻率、利潤率等)

⑵目標達成情況量化(計劃達成率、目標實現率、落實率等)

⑶頻率量化(及時性、次數、週期等)

⑷餘額控制量化(控制率、如應收賬款餘額控制率等)

⑸分段賦值量化(定性指標量化有效方法之一)

⑹強制百分比量化(定性指標量化有效方法之一)

⑺行為錨定量化(定性指標量化有效方法之一)

⑻關鍵性行為量化(定性指標量化有效方法之一)

2.時間量化方法

時間量化的方法之一是進度量化,進度量化是指完成任務過程中對事態發展(時間階段)進行控制的一種計量方法,透過計算特定時間與行為之間的因果關係,給出結果的分值。

例如,對某些研發型、知識型員工的工作,有部份績效是可以用時間進行量化的,如新產品開發週期、服務回應時間、天數、完成期限等。用時間作為衡量尺度來量化考核員工的績效,有助於企業對其階段工作的控制。

3.品質量化方法

品質量化方法主要衡量企業各項任務成果及工作實施過程的精確性、優越性和創造性。品質量化常用的考核指標包括準確度、滿意度、透過率、達成率、合格率、創新性、投訴率等。其示例如圖4-4-1所示。

圖 4-4-1 考核指標品質量化方法示例

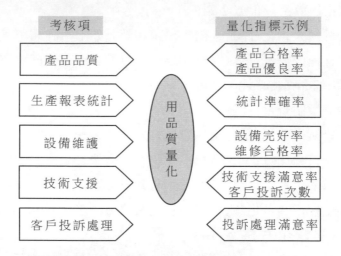

4.成本量化方法

成本量化方法即從成本的角度，細化量化考核工作，落實成本管理責任。這有助於加強組織的成本管理，增強全員成本管理責任意識。

企業可根據責任成本控制網路體系，構建所有責任單位／人員的考核指標，如成本節約率、投資報酬率、折舊率、費用控制率、預算控制等。表 4-4-1 列舉了採購成本、生產成本、倉儲成本、管理成本、財務成本、銷售成本 6 個單元，並設立了相應的量化指標。

表 4-4-1　成本維度的考核指標量化說明

成本項目	責任部門/人	量化指標
採購成本	分別由採購、設備、生產、行政人事、財務等部門執行控制	
生產成本	・ 原材料成本分別由倉儲、品質部門根據計劃與檢驗考核控制 ・ 輔料成本由倉儲部門考核 ・ 能源成本包括水、電、煤、氣等，落實到各生產工廠，由能源部門分解落實且實施控制 ・ 製造費用落實到不同製造單位，分別由設備、生產、能源、財務等部門控制	成本節約率 投資報酬率 折舊率 費用控制率 預算達成率 超出預算額
倉儲成本	由倉儲部門日常監督把關控制，重點放在「退貨損失率」控制上	
管理成本	由財務、行政人事等部門實現人員精簡、高效，實施有效控制 由財務、行政人事等部門實行預算控制、事前和事後審批控制以及責任方案控制 由財務部門嚴格控制	
財務成本	由財務部門控制	
銷售成本	由財務部門等嚴格執行承包方案，進行考核控制 由行銷部門給出方案，財務部門進行核算控制	

5.結果量化方法

企業考核工作可從對結果的考核和對行動（過程）的考核兩個方面展開。對結果的考核，需要事先分析考核指標的目的，瞭解實現此考核指標最終期望的結果，得到結果表現的細分量化考核指標，從而使該考核指標達到量化的效果。

以「員工對企業文化認同度」為例，說明結果量化方法的運用。

⑴明確「員工對企業文化認同度」是行政人事部重要指標，無法直接考核。

⑵對「員工對企業文化認同度」最終引發的結果進行分析。

分析得出如員工對企業文化認同，則不會輕易跳槽，會長期留在企業並積極主動工作，且工作效率高。

⑶根據分析的結果，設置可衡量的考核指標。

「員工流失率」、「人均勞效」、「考勤情況」、「積極性」等指標可體現「員工對企業文化認同度」。

6.行動量化方法

行動量化方法是指從分析完成某項結果出發，明確需要採取的行動，並對各項需要採取的行動設置考核指標的一種方法。

二、企業各類人員指標量化方法

1.市場類指標量化方法

市場類崗位的考核可以從市場調研、市場策劃、市場推廣、客戶開發、市場促銷、市場公關、市場廣告、產品品牌、市場費用 9 個維度展開。市場類指標量化方法見表 4-4-2。

表 4-4-2　市場類指標量化方法

考核維度	量化指標示例	指標量化方法
市場調研	市場調研計劃完成率	
市場策劃	策劃方案成功率	
市場推廣	市場佔有率、市場拓展計劃完成率	
客戶開發	客戶增長率	數字量化方法
市場促銷	促銷計劃完成率、促銷頻率	品質量化方法
市場公關	大型公關活動次數	成本量化方法
市場廣告	廣告投放有效率	
產品品牌	品牌發展指數	
市場費用	市場推廣費用控制率	

2.銷售類指標量化方法

　　銷售人員量化考核指標可分為增長指標、利潤指標、客戶滿意度和忠誠度指標、銷售人才指標、銷售團隊建設指標、成長和發展指標、銷售管理指標等。銷售類指標量化方法見表 4-4-3。

表 4-4-3　銷售類指標量化方法

關鍵事項	量化考核指標	採用的指標量化方法
客戶開發與維護	陌生拜訪客戶數量、客戶拜訪任務完成率	數字量化方法 成果量化方法
	新客戶開發數量、新客戶開發任務完成率	
	客戶流失數量、客戶流失率	
銷售業績	銷售增長率、銷售額、銷售任務完成率	
銷售回款	回款率、回款額、回款任務完成率、回款額增長率、呆壞賬率、呆壞賬損失金額	
銷售日誌、報表填寫規範	填寫出錯次數，填寫及時率、延遲次數	數量量化方法 行動量化方法 結果量化方法
銷售費用控制	銷售費用節約率、費用預算達成率、浪費損失金額	成本量化方法 結果量化方法

3.生產類指標量化方法

　　生產人員的績效考核具有結果考核為主、行為考核為輔，外部評價為主、內部評價為輔，對企業貢獻的價值評估為主、產出評價為輔等特點。生產人員業績考核指標重於行為考核指標、能力考核指標。生產類指標量化方法見表 4-4-4。

表 4-4-4　生產類指標量化方法

生產人員	量化指標示例	量化考核方法
生產管理類人員	單位生產成本、工作生產率、交期達成率、產品品質合格率、生產計劃按時完成率、補貨訂單達成率、員工技能提升率、安全事故發生次數、事故損失額	數字量化方法 品質量化方法 成本量化方法 時間量化方法
生產技術類人員	產品合格率、生產成本下降率、生產設備利用率、重大技術失誤次數、生產安全事故次數	結果量化方法 數字量化方法 品質量化方法 成本量化方法
一線操作類人員	標準工時、生產任務完成率、生產定額完成率、產品抽檢合格率、產品交驗合格率、返工率、生產報廢率、次品率、提出生產效率改進建議次數、作業方法改進率、成本節約率、違規操作次數、違反制度次數	標準量化方法 品質量化方法 結果量化方法 行動量化方法 數字量化方法

4.品質類指標量化方法

表 4-4-5 從品質檢驗、品質管理與改進、品質事故處理、品質成本 4 個方面對設置的量化指標進行了相關的說明。

表 4-4-5　品質類指標量化方法

考核項目	量化指標示例	指標量化方法
品質檢驗	漏檢率、錯檢率	數字量化方法
品質管理與改進	優良品率、品質改進目標達成率	品質量化方法 結果量化方法
品質事故處理	品質事故損失額、品質事故處理及時率	數字量化方法
品質成本	內部損失成本	成本量化方法

5.研發類指標量化方法

項目制是企業對技術研發工作的一種管理方式，考慮到研發項目一般情況下耗時較長、收益期較長，故對研發人員的考核，主要從項目進度、項目品質、項目成果、項目成本 4 個方面進行考核指標的設置。研發類指標量化方法見表 4-4-6。

表 4-4-6　研發類指標量化方法

考核維度	量化指標示例	指標量化方法
項目進度	新產品開發週期、項目延期率	時間量化方法
項目品質	研發項目階段成果達成率	結果量化方法
項目成果	專利擁有數	數字量化方法
項目成本	研發費用超支率	成本量化方法

5　關鍵績效指標的量化方法

　　為了使讀者進一步瞭解關鍵指標設定的方法，以木匠為例，進行案例分析。

　　木匠的職責是建造房屋或其他各種物件。什麼是他的關鍵績效指標呢？錯誤的表達方式：

⑴釘釘子；

⑵打錘子；

⑶訂購材料；

⑷鋸木板；

⑸進行測量。

　　以上列出的是完成績效指標的手段和過程，不是產出，也不是結果。在年底如何衡量他的工作是成功還是失敗？績效考核是合格，還是不合格，其答案是含糊的，考核難以進行。

　　正確的表達方式是：

⑴完成物件的數量；

⑵完成的品質；

⑶完成的時間；

⑷材料的成本；

⑸工作的成本。

　　這個例子說明了投入和產出以及過程、手段和結果之間的區別。顯然，揮動鐵錘是一個過程或叫手段。如果不是為了要達到某種產出，那麼木匠揮動錘子又有什麼實際意義呢？產出物件或結果就是要

完成的物件數量，這就是強調決定關鍵績效指標的重點所在。

所謂抓大放小，是指只有大項目下面的小項目績效指標都完成了，大項目績效指標才能完成。對於這樣的工作項目，在確定關鍵績效指標項目時，只設定大項目的績效指標，放棄小項目的績效指標，以此來簡化或減少關鍵績效指標的數量。

所謂抓外放內，是指將工作的最外面的輸出點作為考評點，其要點如下：

(1)用效果，不用手段；

(2)用結論，不用目的；

(3)用結果，不用過程。

以一位老師授課為例，說明其方法，一位老師授課績效如何，應是學員做出的評價，這是老師授課的輸出點。學員說這個老師講課講得好，就是他的績效好，反之，他的績效就是不好。至於這個老師對課程如何重視，如何備課，用什麼方式講課，什麼風格講課，是站著講還是坐著講，這都是手段、過程和目的問題，不是結論，也不是效果。

所謂抓外放內，只是考評其工作的輸出點，不考慮其過程和手段。這是為了簡化考評程序，減少考評指標。當然，抓外放內並不是不考評工作過程，也不是不考評工作手段。因為，關鍵績效指標設定，關鍵績效指標主要是用於部門或團隊或分支機構，要根據本單位實際情況而定。但對一般員工考評通常用的是一般績效指標。一般績效指標考評是既看結果，也看過程；既看效果，也看投入；既看結論也看手段。關鍵績效指標與一般績效指標的區別就在於此。

1. 關鍵績效指標數量的確定

在設計績效考評方案時，一個企業究竟設定多少關鍵績效指標，

是大家關心的一個問題。關鍵績效指標的選擇多少為宜，一般關鍵績效指標不宜超過 20 個，部門關鍵績效指標設定 10 個左右。如果為了便於操作，降低管理成本，關鍵績效指標和部門關鍵績效指標數量還可以減少。當然具體設置多少指標，要根據本組織的具體情況來定。

現在，不少單位採用了平衡計分卡考評方法。此種方法有很多優點，是一種很好的考評方法，但平衡計分卡最大缺點之一，可能出現關鍵績效指標太多。因為從四個維度分析，選擇關鍵成功因素，再從每個關鍵成功因素分解出幾個關鍵績效指標，這樣就會出現幾十個關鍵績效指標。關鍵績效指標太多也就不關鍵了，另外還給績效考評組織實施帶來很大的工作量。所以，在應用平衡計分卡時，要特別注意關鍵績效指標的選擇。

這裏還要注意的問題是，一個關鍵績效指標，是一個組織的考核評價指標。它是衡量一個組織工作績效的基本標準，也是組織內部各部門各崗位設定績效指標的基本依據之一。所以，關鍵績效指標設定的多與少，一定要根據本組織的使命、願景、戰略目標、戰略重點、基本職能來確定。

2.關鍵績效指標的調整與修正

隨著內外環境的變化，關鍵績效指標是不斷變化的。根據變化對關鍵成功因素、關鍵績效指標進行調整。但績效指標調整要經過一定的程序，這些程序應當在績效考評方案中予以說明。關鍵績效指標，即不是固定不變，也不是隨意調整。需要調整就要調整，不能調整的就要堅持不變。

6 績效考核指標的量化方法

一、績效指標客觀量化理論

量化的基本理論是，在工作崗位分析基礎上，對每項工作用「數字」、「時間」、「行為」表示，或用「數字、時間、行為聯合表示」。這樣每項工作都能做到量化。其量化基本思路如下段所述。

如果一項工作能夠用「數字」表示，這項工作肯定是量化了。問題是有些工作項目不能用「數字」表示，此時可用「時間」表示，時間是一個明確的量化概念，要求某項工作在什麼時間內完成，按時完成了，就合格，沒有按時完成就是不合格；要求什麼時間參加什麼活動，按時參加了，就合格，沒有按時參加就是不合格，不存在定性或人為的問題。如果有些工作項目既不能用「數字」，也不能用「時間」設定其績效指標，就用「行為」表示。「行為」是一個明確的客觀量化概念，一項工作通常是有行為發生的，工作要求這個「行為」發生，「行為」發生了就合格；工作要求這個「行為」不能發生，「行為」發生了就不合格。「行為」的發生和沒發生之間有一個明確的界線，這個界線就是標準，不存在模糊不清的問題。

應用上述理論與方法，每項工作都可以實現客觀量化考核。但在實際操作時，可能會出現某項工作用「數字」、「時間」、「行為」都不能量化的情況，這說明此項工作的「崗位分析」不到位，即沒有將此項工作分解到最小單位，應進一步分解。

二、績效指標客觀量化方法

1. 用「數字」表示

用「數字」量化表示有關工作項目時，應從以下幾個方面考慮：

(1)各項工作要求完成的數量定額；

(2)各項工作要求達到品質指標；

(3)各項工作要求的責任指標；

(4)各項工作要求的工作效率；

(5)有關服務工作的滿意率；

(6)有關工作要求完成的比率包括完成率、準確率、優良率、合格率、利用率、差錯率、結算率等；

(7)有關工作發生的次數等。

例如：

· 每天加工多少個零件；

· 出勤率不得低於百分之多少；

· 各項工作計劃完成率，在什麼時間應為百分之多少；

· 每小時打多少個字；

· 每月找幾個群眾談話；

· 合約的履行率在什麼時間應為百分之多少；

· 合約的差錯率；

· 各種文件的文字錯誤率不得高於萬分之多少；

· 資金費用使用按預算完成率應為多少；

· 部門預算準確率應到達百分之多少；

· 每月記賬準確率應達到百分之多少；

· 資金的進出賬準確率應達到百分之多少；

· 檔案的歸檔、保管工作正確率應為百分之多少；

· 設備完好率應為百分之多少；

· 檢修品質優良率應大於百分之多少；

· 科技、技改項目在什麼時間內應完成計劃的百分之多少；

· ……

2.用「時間」表示

用「時間」表示工作指標時，可從以下幾個方面考慮：

⑴各項工作計劃執行時間；

⑵工作項目的完成時間；

⑶各種規章制度所規定的時間；

⑷各種會議、學習以及其他活動所要求的時間；

⑸各種突發事件處理或臨時工作所要求的時間；

⑹上級批示或會議決定完成某項工作的時間等。

例如：

· 每月幾日前上報什麼報表；　· 每月幾日前完成什麼計劃；

· 每月幾日前完成什麼工作；　· 每年幾月份完成什麼項目；

· 當某種事情發生，在多長時間內解決；

· 各種會議決定和批示的某項工作，要求在什麼時間完成；

· 每月什麼時間向某主管彙報什麼情況；

· 下屬人員或部門提出請示報告，要在一週內做出批示；

· 在同一個工作日內收到的發貨單要在當天過賬；

· 每月的第幾個工作日結束時必須平衡總賬；

· 按月、季、年分析人力資源的配置情況，找出存在的問題，提出解決的辦法。為主管決策提供依據等。

3. 用「行為」表示

「行為」是一個明確的量化指標。「行為」的發生和沒發生之間有一個明確界限，這個界限就是量化標準。「行為」有需要的「行為」和不需要的「行為」。

當要求「行為」發生時，「行為」發生了，就合格，沒發生就不合格，如需要的「行為」有微笑服務、規範語言問好、管理授權、按規定參加會議、遵守各種規章制度、按照工作規程操作機器、各種突發事件處理、工作職責要求做到的工作行為等。

當不需要的「行為」發生時，「行為」發生了，就不合格，沒發生就合格。如：與服務對象爭吵行為；違反各種規章制度的行為；各種違法違紀行為；違反治安管理條例行為；各種違反行為以及違反職業道德行為等。

例如：

- 不許與顧客爭吵；
- 違反各種規章制度的行為（如遲到、早退、串崗、溜崗、上班打瞌睡、玩電子遊戲等）；
- 各種違法違紀行為；
- 違反治安管理條理行為；
- 各種違反生產現場規範的行為；
- ……

4. 用「行為」、「數字」或「時間」聯合表示

很多工作需要用「行為」、「數字」、「時間」聯合表示，才能說明其量化的工作指標。這樣的工作項目，在設定績效指標時是經常遇到的。如客戶的電話投訴處理，要求當工作人員接到客戶的投訴電話時的行為是：「不管這項工作是否由你負責，首先應禮貌、認真地聽取

客戶反映問題，並加以記錄。」對員工的時間要求是：「如果客戶提出的問題是在自己職責範圍內，應當場向客戶做出解答；如果不是自己的職責範圍，應向客戶說明，並將客戶意見在 5 分鐘內向有關人員反映，在一個小時內向客戶做出回答。」

5.管理者績效量化指標案例

根據上述方法，可以設計出各個崗位的績效考評指標及實施方案。有關績效考核組織實施的內容，包括考評指標權重、信息採集者、信息採集點、考核時間等。

(1)部門業務指標

表 4-6-1　部門業務指標

序號	考評指標	指標權重	扣分標準	信息採集點	考核時間
1	根據計劃要求上報本企業在同行業中競爭力情況的市場調研報告。完成率 100%，有效率 70%以上	3%	每降 1%，扣 1 分，扣完為止	總裁辦上報文件登記本或總經理或董事長	工作計劃規定時間
2	每年 12 月 30 日之前上報經調整、修訂後的經營發展規劃，完成率 100%	3%	沒有按時完成不得分	總裁辦上報文件登記本	12 月 30 日
3	每年 12 月 30 日之前完成並提交下年綜合計劃	3%	沒有按時完成不得分	總裁辦上報文件登記本	12 月 30 日
4	組織完成年綜合計劃，實現集團公司的目標。完成率 100%	8%	每降 1%，扣 1 分，扣完為止	集團公司財務處	12 月 20 日
5	各部門每月預算指標的完成率達 100%	8%	每降 1%，扣 1 分，扣完為止	集團公司財務處	每月最後一個工作日
6	每月至少檢查銷售部工作一次，落實率、完成率 100%	5%	每降 1%，扣 1 分，扣完為止	銷售部及檢查記錄	每月最後一個工作日
7	根據市場變化和年經營指標，按照總裁要求的時間組織完成確定調整公關銷售戰略和計劃，完成率 100%	5%	沒有按時完成不得分	總裁辦上報文件登記本	總裁要求的時間
…	……	……	……	……	……

(2)管理責任指標

表 4-6-2　管理責任指標

序號	考評指標	指標權重	扣分標準	信息採集點	考核時間
1	崗位管理：每個崗位有規範的崗位說明書，並按照人力資源部要求時間完成說明書更新，完成率100%	2%	每缺一份崗位說明書或未達標或未按時更新，扣×分	人力資源部	計劃要求完成時間
2	績效管理：按照要求時間完成本部門績效考評方案設計，並組織實施。人力資源部對考評方案設計及組織實施滿意率達到××%以上；員工投訴，部門主管敗訴率為0	2%	滿意率每降×%，扣×分；每有一次敗訴，扣×分；未按時完成方案設計，扣×分	人力資源部和仲裁記錄	要求考評方案完成時間和年度績效考核前一週
3	能力建設：按照年培訓計劃，組織完成各項培訓任務；完成績效回饋面談對下屬員工提出的年學習任務和能力提高目標，完成率100%	2%	每有一項培訓計劃未完成，扣×分；每有一名員工未完成績效回饋面談提出的學習任務和能力提高目標，扣×分	培訓記錄	年績效考核前一週
4	工作改進：績效回饋面談時，對下屬員工提出的年績效改進計劃，完成率達到100%	2%	完成率每降×%，扣×分	績效改進計劃	每年6月和12月最後一週
5	主管和部門員工對工作滿意率達到××%以上	2%	滿意率每降×%，扣×分	主管領導和部門的員工	每年6月和12月最後一週
…	……	……	……	……	……

(3)個人能力指標

表 4-6-3　個人能力指標

序號	考評指標	指標權重	扣分標準	信息採集點	考核時間
1	完成上年績效考評回饋面談時，主管對企管部經理提出的下年需要學習的基本知識：現代企業管理知識	2%	未參加該項內容培訓，不得分；考核或考試未通過，該項不得分	培訓記錄	年績效考核前一週
2	完成上年績效考評回饋面談時，主管對企管部經理提出的下年需要提高的基本技能：經營分析能力	2%	未參加該項內容培訓，不得分；考核或考試未通過，該項不得分	培訓記錄	年績效考核前一週
3	參加本單位統一的學習活動，在年考核期內出勤率達到××%以上	2%	出勤率每降×%，扣×分	學習和活動簽到簿	年績效考核前一週
4	參加本單位統一組織的各種業務知識及工作技能培訓活動，在年考核期內出勤率達到××%以上	2%	出勤率每降×%，扣×分	培訓和活動簽到簿	年績效考核前一週
5	員工完成個人職業生涯規劃年計劃學習任務	2%	每有一項學習任務未完成，扣×分	考核或考試記錄	每年12月第2週
…	……	……	……	……	……

三、績效指標客觀量化策略

每個工作項目都可以用「數字」、「時間」和「行為」進行量化。在設計績效考評方案時，究竟設計多少量化指標，是全部量化，還是

量化一部份，可根據本單位實際情況做出選擇。因為量化指標選擇的多與少，是由多種因素確定的。如：本單位高層管理者、各級直線主管及一般員工的觀念問題、績效量化考評成本問題、各級直線主管及人力資源部對量化考評技術的掌握程度等，都直接影響績效數量指標的選擇。

　　一般規律是實施量化績效考評時，量化指標的選擇是由少到多，再由多到少，即第一年先選擇部份容易操作的量化指標，先運行，待大家適應了，第二年再增加部份量化指標，第三年就可以到位，實現全面量化考評。通過幾年的量化考評，管理與工作行為規範了，量化考評指標就可以逐年減少，最終實現科學化、人性化管理。

7 員工設定績效目標的審核溝通

　　一旦員工設定績效目標後，並提交給主管後，主管就要進行初步的審核與溝通，在內心回答如下問題：

・這些目標是你所期望的嗎？
・員工有完成這個目標所需的資源和權限嗎？
・完成這個目標需要其他人，部門的支持嗎？
・這些目標的輕重緩急、優先次序是什麼？
・目標與行動計劃在文字闡述上清楚嗎？標準可考評嗎？

審核完畢後雙方應及時進行溝通，溝通的主要內容包括：

⑴向員工清晰地闡述本部門和主管本人的主要工作計劃和目標，說明這些目標的意義，提出對員工在工作和發展方面的期望。在

實際中，對工作目標意義的闡述被忽視，但事實上這是非常重要的。

⑵聽取員工對本人設置績效目標的理由闡述，對員工的目標提出自己的意見並透過討論予以確認，爭取員工對本人績效目標的承諾——當員工在目標上有發言權時，目標就更容易實現。

⑶瞭解員工的需求。在績效目標分解的過程中常常發生上級與下級討價還價的現象，以目標確定資源的方法可以較好地解決這一問題，條件成熟的企業可以在討論績效計劃時一併明確薪酬待遇、權利範圍等。

⑷對員工如何完成績效目標提出一些具體的建議。

⑸明確跟進績效進展的標準與期限，例如明確要求多長時間報告一次工作，要確信員工清晰地理解主管的要求。

在溝通過程中應當注意鼓勵員工發言，傾聽員工的不同意見，鼓勵他說出顧慮之處。要善於從員工的角度思考問題，瞭解對方的感受，透過提問，摸清問題所在。

員工設定的績效目標經審核不能通過的可以退回員工，進行修訂。當進入實施階段後，出於各種原因導致實際進度超過或滯後於績效目標進度時，可以根據實際情形予以調整。

通過的績效計劃經雙方簽字，作為正式的業績合約予以保存。績效計劃一般按年度簽訂，也可以按半年或季簽訂。

沒有什麼比做好正確的事更重要，做正確的事需要正確的目標來保證。一個員工該如何分層分類來設定自己的績效目標？SMART 原則是員工必須牢記於心的基本原則。我們儘量選擇那些能夠提升客戶價值、屬於本人職責範圍內、盡可能可以衡量的、數量有限的、確實可以促進產出的項目作為我們的關鍵績效指標。

關鍵績效領域的確定和關鍵績效指標的設置從戰略開始。戰略與

我們本人職責的交叉地帶往往就是我們選擇關鍵績效指標的領域。

　　員工所處的層級與職能領域不同，其可選擇的關鍵績效指標也有著很大的區別。比較而言，處於高層的、業務領域的員工其關鍵績效指標的選擇餘地更大，需要納入績效目標的內容也更多，而處於基層的、支持領域的員工其關鍵績效指標相對穩定，變化不大。

　　大型的企業或者那些特別強調保持統一價值觀的企業不僅對產出進行評價，而且對產出的過程也有著嚴格而一致的要求。這樣的要求不僅對企業有利，對員工有時也是一種避免以成敗論英雄的好事。

　　選取績效目標的過程中要注意長期績效與短期績效、財務績效與非財務績效之間的平衡，只有平衡的績效管理目標才可能促進企業的持續發展。

　　不同的績效目標之間可能存在矛盾或者包含的關係，避免這樣的關係有利於減少不必要的績效目標，也避免了自相矛盾的局面。

　　確定的關鍵業績項目需要設定具體的奮鬥目標，這種目標可以透過數量、品質、時限、成本、客戶滿意度等標準來衡量。

　　自上而下和自下而上地設置績效指標都存在著嚴重的不足，兩者結合的方式在企業得到廣泛的認可和應用。

　　績效目標必須得到主管和員工雙方的認可才能有效，獲得員工承諾的績效目標能夠更好地得到實施。把資源配置與目標分解結合是符合契約化管理精神的現代方法，也能夠有效地解決討價還價的問題。

　　總之，設定績效目標時一定要想清楚我們究竟要從工作(或下屬的工作)中得到什麼產出，那些是最重要的？只要明晰這兩個問題，設置績效目標就不會顯得特別困難。

　　當然，為減少員工思考的痛苦，提高制定績效目標的準確性，人力資源部門可以為員工提供一些通用的績效目標範本作為參考。

8 確定量化指標的主體

績效量化指標包括關鍵績效指標和一般績效指標。所謂績效指標設定主體，是指績效指標應當由誰來設定。目前，不同的單位，有不同的做法，不同的專家學者，有不同的觀點。

一、確定績效量化指標設定主體的基本思路

在績效管理中，績效指標是由上而下設定的，即關鍵績效指標設定的主體是上級管理者。其含義是先由高層主管公佈的年關鍵績效指標，然後以此為依據制訂各部門年關鍵績效指標及個人的年一般績效量化指標。由上而下設定績效量化指標的原理在於，每個人的績效量化指標，都是為了上一級的績效量化指標而存在的，如果沒有上級的績效量化指標，也就無從設定個人的績效量化指標。由上而下設定績效量化指標，可以通過信息的逐級向下傳達，使員工瞭解組織的發展戰略目標、目標本身及與其他組織任務的關係，並向員工提供有關績效量化指標設定程序和實施的信息，從而使員工對自己在組織的發展方向上也有清楚的認識，同時激發員工的使命感等。

儘管由上而下設定績效量化指標有上述優點，但如果我們在具體實踐時，不注意協調組織內各管理層級的工作和維持組織及其員工之間的密切聯繫，就會容易形成專制，例如上級向下級強制下達績效指標：「這就是你的績效指標。」如果這樣的話，就不是績效指標，而變成「配額」了。同時，還會造成員工因績效指標對自己沒有吸引力

或根本不認可而消極被動，例如上級主管設定一個描述為「提高客戶服務滿意率」的績效指標，下級也來一個「提高客戶服務滿意率」，再下級也是「提高客戶服務滿意率」。如何提高客戶服務滿意率，採取什麼措施提高客戶滿意率，沒有任何具體行動計劃和措施，只是上級說什麼，下級也就說什麼，說了就等於完成任務了。這種上下完全一樣的績效指標，只能是走形式罷了。這些因素最後都會影響設定績效指標的有效性以及將來實現的效果。

因此，在實施由上而下設定績效量化指標時，要利用共同協商設定績效量化指標的辦法。共同協商設定績效量化指標是高層主管先公佈年關鍵績效指標草案，經與各部門主管磋商並獲同意後確定草案，然後部門主管依據關鍵績效指標，設定部門績效指標草案，經與相關人員商討，並獲得支持達成承諾後定案。最後，各級主管依據本部門績效量化指標，擬訂每個下屬崗位的績效量化指標草案，經與下屬協商定案。

共同協商設定績效量化指標是爭取時間的需要。有時，為了儘快決策，有關績效方面的信息必須超越組織層次的級別而進行傳遞。其次，共同協商設定績效量化指標是組織內部各部門之間協調的需要。

二、設定關鍵績效量化指標的人員主體

1. 關鍵績效指標設定主體的人員組成

組織的高層管理人員共同來設定關鍵績效指標。如以某企業為例：副總以上人員組成一個小組，共同討論擬訂公司的關鍵績效指標，並報董事會審定。公司的關鍵績效指標每年要制訂一次，每個高層主管擔負起設立公司關鍵績效指標設定的責任，而且是僅僅集中制

訂他自己所屬部門的關鍵績效指標。參與公司關鍵績效指標設定的人員組成如圖 4-8-1 所示。

圖 4-8-1 公司關鍵績效指標設定小組

這裏需要注意的是，關鍵績效指標的設定，不能認為就是人力資源部或企管部的事。人力資源部或企管部當然要參與關鍵績效指標的制訂，但不能完全由這些職能部門來設定一個關鍵績效指標。

2.部門關鍵績效指標設定主體的人員組成

公司關鍵績效指標確定後，每個副總再組成小組，分別提出各個部門的關鍵績效指標，參與部門關鍵績效指標設定的人員組成如圖 4-8-2 所示。

圖 4-8-2 公司第二層級關鍵績效指標設定小組

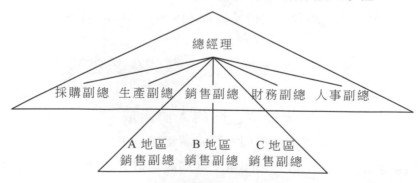

圖 4-8-2 是圖 4-8-1 的延續。每個副總經理都有相應的小組。三角形的重疊部份表示副總經理從屬於兩個小組，他既是總經理小組

的成員，又是他自己小組的主管。他們扮演著「雙重角色」。以銷售副總經理為例，銷售副總經理領導的小組的工作是制訂和提出整個銷售部的關鍵績效指標。制訂的方法是經過充分的協商討論。制訂的依據是公司的關鍵績效指標、銷售部的職能以及工作流程。這些關鍵績效指標經過批准後，銷售部的關鍵績效指標與公司的關鍵績效指標就成為組織設定下一級關鍵績效指標的基礎，建立下一級小組。這種建立小組的方法，在其他各級管理中將重覆採用，公司的關鍵績效指標也就逐級得以分解。

3.設定一般績效量化指標主體的人員組成

圖 4-8-3　一般員工績效指標設定小組

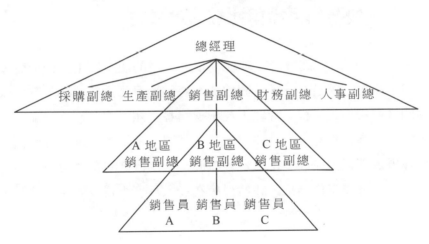

一般績效量化指標主要是用於一般員工崗位的績效考評。員工績效指標的設定，其方法與確定部門績效指標的方法完全一樣，只不過是部門經理組織本部門的員工，以上級的關鍵績效指標為依據，結合本部門職能、各崗位職責以及工作流程，討論設定每個崗位的績效指標。也就是說，每個員工的績效指標是部門主管與員工討論確定的，

既不是部門主管用命令方式下達，也不是讓員工自報。主管審定設定的，是共同協商，上下溝通設定的，這一點非常重要。

9 如何比較績效考核的成績

績效考評有多種方法，要根據企業實際情況和需要，選擇績效考評方法，並相互比較，是獲得有效績效評價的基礎。

一、與預期目標相比較的考核方法

在企業組織中，高層管理者總是根據企業的使命確定長期或者短期目標，然後，透過上下級共同協商，將組織目標進行分解，轉變成為部門目標和個人目標，管理人員根據目標對組織中各層次、部門和個人的工作進行管理。一旦確立目標，就要定期檢查進度，直至預期目標在規定期限內完成。在約定的時間，制定目標的管理者和下屬一起檢查評估實際工作結果，評估目標在多大程度上得以實現，並制定下一個考核期的工作目標。

圖 4-9-1　基於目標管理的績效評價流程

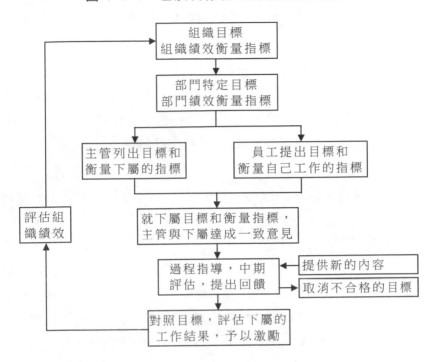

二、與工作標準相比較的評價方法

事先設計好工作標準、職能標準或者行為標準，將工作者的實際表現與標準互相對照，評價出績效分數或者等級的評估方法。此類考核方法比較常用的有：圖尺度評價量表法、關鍵事件法、行為錨定評價量表法、混合標準量表法、評價中心法等。

三、不同個體相互比較的評價方法

績效評估中的比較法，主要是要求評價者拿一個人的績效去與其他的人進行比較。這種方法通常是對所有人的績效進行全面評價，並設法把在同一個工作部門的人排出一個順序。將不同個體的績效相互比較的方法大致有三種：排序法、強制分配法和配對比較法。

1.排序法

排序法即將一個部門內部所有的員工按照績效水準排出一個順序。

2.強制分配法

強迫分配法大多為企業在評估績效結果時所採用。該方法就是按事物的「兩頭小、中間大」的正態分佈規律，先確定好各等級在被評估者總數所佔的比例，然後按照每個員工績效的優劣程度，強制列入其中的一定等級。例如某企業規定評價為優秀的比例為 10%、良好為40%、合格為 40%、有待改進為 5%、差為 5%。

GE 前首席執行官傑克• 韋爾奇憑藉該規律，繪製出了著名的「活力曲線」。按照業績以及潛力，將員工分成 ABC 三類，三類的比例為：A 類：20%；B 類：70%；C 類：10%。對 A 類這 20%的員工，韋爾奇採用的是「獎勵獎勵再獎勵」的方法，提高薪資、股票期權以及職務晉升。A 類員工所得到的獎勵，可以達到 B 類的兩至三倍；對於 B 類員工，也根據情況，確認其貢獻，並提高其薪資。但是，對於 C 類員工，不僅沒有給予獎勵，還要將其從企業中淘汰出去。

3.配對比較法

配對比較法又稱兩兩比較法，它要求把每個員工的工作績效與部

門內所有其他員工進行一一比較，如果一個人和另外一個人比較的結果為優者，則記一個「＋」號，或者給他記一分，遜者則計為「－」或「0」，然後比較每個被考評者的得分，並排出次序。表 4-9-1 所示的是以創新性維度，對編號為 A、B、C、D、E 的五個人進行兩兩對比。

表 4-9-1　兩兩比較法舉例

	A	B	C	D	E
A		－	＋	＋	＋
B	＋		－	＋	－
C	－	＋		＋	＋
D	－	－	－		－
E	－	＋	－	＋	
對比結果	差	中	差	好	中

10 績效指標的設定與分解

　　關鍵績效指標的設定，是以組織的總目標設定為核心和起點的，各部門及員工再根據關鍵績效指標設定各部門及個人的績效指標，最後形成由關鍵績效指標到部門關鍵績效指標再到個人一般績效指標的績效管理體系。因此關鍵績效指標投定的品質，直接決定著各個部門關鍵績效指標、個人一般績效指標的品質。

一、關鍵績效指標的內容

1. 關鍵績效指標的特點

企業組織是一個永續性的事物，因此關鍵績效指標設定不僅要顧及到目前，而且要關注組織未來的發展。所以，關鍵績效指標，不但要適合短期的，同時要站在更高更遠的角度，與組織的經營目的、方針、戰略緊密結合，適合於組織的長遠發展。關鍵績效指標是所有員工所要獲得的最後的共同成果和成就。

關鍵績效指標的實現，不是某一個管理者的責任，而是全體員工的共同責任。在關鍵績效指標確定後，管理者就可以把注意力轉向設定的戰術目標，並且通過戰術目標完成關鍵績效指標。因此，關鍵績效指標必須體現其總體性或整體性的特點，要用全局的眼光來設定，扮演組織發展的「火車頭」角色。

2. 關鍵績效指標的內容

一般來說，一個完整的關鍵績效指標，通常包括以下幾個方面的內容。

(1)技術指標

根據組織的發展戰略，提出的新產品開發，技術創新項目，技術改造項目，設備引進或技術改造項目指標等。技術指標通常是研發型、生產型企事業單位考評的重點之一。

(2)市場指標

根據組織發展戰略，提出的市場銷售量或佔市場銷售比率、經營網點設置、銷售收入完成率、相對市場佔有率以及多種經營指標等。

(3)生產指標

包括成品一次合格率、備品週轉率、生產加工與市場銷售協作滿意率、材料週轉率、設備週轉率、在製品週轉率等。

(4)財務指標

包括計劃實現資本利潤率，經營收入總指標，人均收入指標、淨資產收益率、總資產報酬率、銷售營業利率、成本費用利潤率、資本保值增值率、總資產週轉率、流動資產週轉率、存貨週轉率、應收賬款週轉率、資產負債率、流動比率、速動比率、長期資產適合率等。

(5)客戶指標

包括客戶滿意度、客戶投訴率、客戶投訴處理及時率、產品上架率、動銷率、貸款回籠率、信息回饋及流向等

(6)內部運行指標

原輔料採購計劃完成率、原料品質一次達成率、正品率、技術達成率、採購價格綜合指數、原輔料耗損率、單位成本、原輔料成本、配送及時率、設備有效作業率、產品供貨週期、生產能力利用率等。

(7)管理指標

包括各種制度建設、文化建設、信息管理建設、安全生產管理以及部門內部管理、職能部門提出的管理績效指標等。

(8)隊伍建設指標

包括員工的崗前培訓、技能培訓、知識更新、員工職業生涯發展、潛能開發、激發工作積極性等。這部份指標已成為當今各類組織績效考核的重要內容。

二、設定關鍵績效量化指標的程序及方法

設定關鍵績效指標的程序如圖 4-10-1 所示。

圖 4-10-1　設定關鍵績效指標的程序

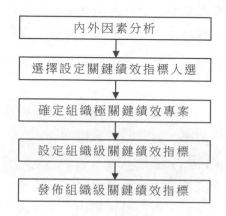

1.設定關鍵績效指標時應考慮的因素

關鍵績效指標的設定，既考慮到內部因素，又要考慮到外部因素。如果不考慮外部環境而設定的關鍵績效指標，容易使組織失去市場和競爭力，影響組織的生存發展。所以，在設定關鍵績效指標時，應事先考慮各種外部因素。見圖 4-10-2 所示。

在設定關鍵績效指標時，應考慮的內部因素包括：本公司近兩年經營狀況、市場佔有率、資金狀況、技術狀況、設備狀況、人才隊伍狀況、管理水準、制度建設、文化建設等。

圖 4-10-2　組織應考慮的外部環境因素

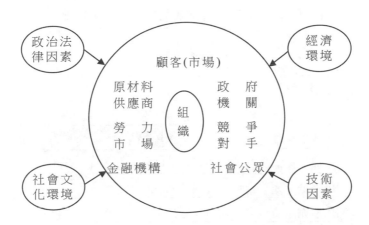

2.選擇設定關鍵績效指標人選

關鍵績效指標由什麼人來設定,應由組織的高層主管來設定。這是因為組織的高層管理者既是組織發展規劃的制訂者,也是一個組織發展戰略實施的組織者。也就是說,高層主管是一個組織發展的嚮導者,他們的任務是帶領整個組織、動用組織的所有資源達到自己制訂的關鍵績效指標,整個組織必須按照組織的高層主管確立的關鍵績效指標開展工作。

3.明確設定關鍵績效指標的項目及目的

明確設定關鍵績效指標的項目及目的,在設定關鍵績效指標時,是不能忽視的。它的作用一方面是為高層主管選擇關鍵績效指標提供一個理由,即說明為什麼要選擇這個項目作為關鍵績效指標;另一方面是統一上下各級管理者以及每個員工的想法意識。讓大家知道為什麼設定這個關鍵績效指標,目的是什麼。只有崗位任職者知道了為什麼,才能產生動力,形成合力,主動積極地設法完成績效指標。設定

關鍵績效指標的項目及目的如表 4-10-1 所示。

表 4-10-1　設定關鍵績效的項目及目的(部份)

關鍵績效 指標項目	設定關鍵績效指標項目的目的
純 利 潤	以增加盈餘或減少虧損為目的
銷 售 額	以生產或庫存數量全部出售為目的
產品產量	以機器設備的最大產能來生產為目的
產品品質	以提高產品品質，增強企業市場競爭力為目的
生產成本	以降低生產、銷售及管理等方面的費用為目的
資金投資	以擴充生產規模、收購其他公司達到企業成長為目的
市場開發	以擴大市場佔有率為目的
管理改進	以提高經營績效或生產力為目的
產品研發	以開發新產品、新技術為目的
承攬項目	以承攬更多項目來提高企業的效益為目標
客戶服務	以提高服務客戶滿意率，維持老客戶，開發新客戶為目的
安全生產	以提高安全生產管理水準，杜絕重大傷亡事故為目的
課題研究	以課題研究來產生效益或社會效益為目的
隊伍建設	以提高員工素質，增強核心競爭力為目的
學科建設	以較強的學科領域增強組織的競爭力為目的
擴大規模	以建設規模大而統帥整個行業為目的
品牌效應	以打造名牌產品，贏得市場為目的
……	

4.設定關鍵績效指標

在明確關鍵績效指標的項目及目的後，將關鍵績效指標具體化和

數量化。例如：

　(1) 2023 年底產品的綜合市場佔有率達到 40%；

　(2) 2023 年底前開發出 2 款新產品；

　(3) 2023 年底公司新產品的銷售量達到 100 萬件；

　(4) 2023 年底前產品出口達到 1000 萬美元；

　(5) 2023 年節省開支 500 萬元；

　(6) 2023 年安全生產×級事故不超過×次；×級事故為 0；

5.發佈關鍵績效指標

關鍵績效指標經過上下級多次溝通，並且確認後，必須進行公佈。

有關關鍵績效指標，經過董事會研究審定後，可召開中層以上管理者會議進行說明。說明會的內容，除了關鍵績效指標最後達成結果外，還應包括公司的經營現狀以及對未來的展望。然後，據此再做一番深入討論、交流，將關鍵績效指標書面化，分發給各部門主管。這裏分發的書面化資料是關鍵績效指標，不是分解到各部門的關鍵績效指標。關鍵績效指標的分解，還要經過必要的程序。

6.關鍵績效指標書面化格式

關鍵績效指標確定後，要形成書面材料，以文件的形式分發給有關負責人和下屬各部門的主管。其書面形式的基本格式見表 4-10-2 所示。關於工作進度，可以季為時限進行檢查和控制。如果以季為時限時間跨度太大，也可以月為時限進行檢查和控制，具體時限根據本單位的實際情況而定。

表 4-10-2　關鍵績效指標書面化格式

序號	關鍵績效指標	完成時限	工作進度				責任人	必要條件
			第一季	第二季	第三季	第四季		

三、分解關鍵績效指標的方法

關鍵績效指標分解就是將關鍵績效指標分解到各部門、各基層單位以及個人，形成一個從上到下、從下到上完整的績效指標體系。如果不能科學分解，將直接影響關鍵績效指標的完成。因此在分解時，要注意績效指標分解的要點、分解方式與方法。

1. 績效指標分解的要點

績效指標分解是保證關鍵績效指標實現的前提條件。其分解要點如下。

⑴績效指標分解應按自上而下的原則進行。也就是說，可以將關鍵績效指標分解為不同層次、不同部門的績效指標，各個績效指標的綜合能體現績效指標，並保證關鍵績效指標的實現。

⑵各層級績效指標與關鍵績效指標之間應保持方向一致，內容上下貫通。

⑶績效指標分解要注意各層級績效指標所需條件及其限制因素。如協助條件、技術保障，以及人力、物力、財力的要求等。

⑷各層級績效指標之間在內容和時間上要協調、平衡，應避免各層級績效指標之間的相互矛盾、相互制約現象發生。各層級績效指標在表達上要力求簡明、扼要、具體，有明確的績效指標值和完成時限的要求。

⑸績效指標展開應縱橫結合、上下結合，遠近結合。展開順序應是先縱後橫，先上後下，先遠後近。

2.績效指標的分解方式

從績效指標分解要點可以看出，績效指標的分解不是簡單的分數字、分任務，而是考慮部門職責、資源情況、部門間的聯繫等因素，用系統分析方法進行分解，使下一級績效指標支撐上一級績效指標，實現績效指標間的相互關聯。系統分析方法的分解方式主要有兩種：按時間順序分解和按空間關係分解。

按時間順序分解，主要是在確定了關鍵績效指標完成期限後，由遠至近、逐年、逐月地定出績效指標完成的進度，從而把關鍵績效指標分解成各月的績效指標，形成一個完整的績效指標完成時間體系。這種分解形式有利於管理人員在時間上指導、控制和檢查績效指標的實施進度。

按空間關係進行分解，又可分為兩種形式：一是按職能部門進行橫向分解，即按職能將績效指標分解到有關職能部門；二是按管理層級進行縱向分解，即將績效指標分解到每個管理層級，直至分解到人。在績效指標分解過程中，由於部門和個人的工作性質不同，有些部門和個人績效指標不能與關鍵績效指標完全對應，也就是說績效指標對某一部門或某些崗位沒有提出明確的指標要求。在這種情況下，可以根據部門職能或個人崗位職責確定工作績效指標，使組織的各個部門和所有成員都有明確的工作績效指標。在空間上形成一個完整的

績效指標體系。

3.績效指標分解的方法

績效指標分解的方法，可根據績效指標的複雜程度、完成績效指標的條件等因素加以選擇。如果績效指標簡單，完成績效指標的各種條件也比較充分，可採用由上級確定分解方案，以指令或指示、計劃的形式下達。這種方法簡便易行，可以節省績效指標分解的時間。但由於未與下級協商，很容易出現某些績效指標難以落實下去的情況，或者使下級產生完成績效指標是被「強迫」的感覺，從而失去積極性。如果採取協商的方法進行績效指標分解，即在進行績效指標的分解和落實時，上級與下級進行充分的協商討論，取得一致意見後，再進行分解績效指標。這種方法雖然費時，但能充分激發下級的積極性和創造性，使績效指標落實到實處。

因此，上下溝通是分解績效指標的重要方法，也是分解績效指標不可缺少的一個過程。通過上下溝通，達成共識，使各部門以及每個組織成員瞭解組織的戰略重點、戰略目標、績效指標以及實現績效指標的思路、方法及措施。這一點非常重要。只有各部門和所有組織成員理解績效指標，才能產生有效的行動。靠權力強壓，是壓而不服的，很難激發員工工作的積極性，難以按計劃完成各項績效指標。

此外，分解績效指標要考慮組織內部協調。組織內部協調指的是組織內各組成部份安排合理、和諧運作，朝著同一個目標努力，也包括為追求組織共同的目標和最佳績效而相互扶持。通過調整或再造組織架構、組織體系和內部流程，建立協調的組織體系，使之互相匹配，縱、橫協調，為各項績效指標的完成提供組織保證。

11 確定指標權重的方法

所謂權重的確定，就是每項績效指標給多少分的問題。為什麼用「權重」，而不用「分」，其原因是，如果一個單位的考核分數規定 100 分為滿分，此時「權重」和「分」的數字是一樣的。如某項工作權重為 2%，即完成此項工作可得 2 分。如果某項工作的權重為 5%，即完成此項工作可得 5 分，照次類推。如果有的單位考核分數規定滿分為 150 分，此時「權重」和「分」的數字就不一樣了。如某項工作權重為 2%，即完成此項工作可得 3 分。如果某項工作的權重為 5%，即完成此項工作可得 7.5 分，照次類推。由此可見，用權重是比較科學並切合實際的。

設定各項考核指標權重的主要依據如下：

① 發展戰略重點；

② 年管理重點；

③ 年業務重點；

④ 工作的難易程度；

⑤ 工作量的大小；

⑥ 上級的導向；

⑦ 市場競爭因素；

⑧ 短板原理。

發展戰略的重點是設定考核指標權重時，首先考慮的因素。因為績效考評是一個指揮棒。這個指揮棒當然要指向組織的發展戰略，並加大其考核的權重。績效考核，考核什麼，員工就做什麼；那些考核

指標權重大，給分多，員工就重視，就把主要精力放在這些考核項目上。通過績效考核權重的設定，體現組織的業務重點和管理重點，實現組織的發展戰略。

工作的難易程度和工作量的大小，肯定是直接影響考核指標權重的。工作難度高的、工作量大的，考核指標權重就大，否則，考核指標權重就小。也就是績效指標權重要體現工作負荷量及工作的複雜程度。

上級的導向也是確定考核指標權重的重要因素。在不同的時期，在不同的階段，一個單位的上級主管部門或本單位的高層主管對工作的要求是不一樣的。例如某單位將 2010 年定為管理年，那麼 2010 年在管理方面的考核力度就加大，其管理方面績效指標權重就比上年同類指標權重要大。

市場競爭因素也是設定績效指標權重的重要因素之一。因為市場是變化的，而且是殘酷的。如果一個企業不能適應市場的變化，就會失去客戶和市場。例如在市場上，同類企業的競爭者，加大了客戶的服務力度，不斷創新為客戶服務的手段與途徑。此時，本企業必須做出反應，採取相應措施，提高服務品質。其重要手段之一，就是提高為客戶服務考核指標的權重。為客戶服務考核指標權重加大了，服務態度就會發生變化，服務滿意率就會提高；為客戶服務的創新手段及途徑就會出現，產品行銷競爭力就會增強。

12 績效指標的變更與修訂

一、績效指標變更或修訂的必要性

　　在考核期初設定績效指標時，是依照嚴謹而慎重的程序，經過週密的規劃，經各相關人員的反覆討論與協調設定而成的，因此按理說沒有必要對績效指標再進行修訂。但事實並非如我們想像的那樣完美，因為績效指標的實現有一個過程，通常所設定的績效指標是以月、季、年為期限，但在快速變化的現代社會中，未來時期內不確定因素實在太多了，包括不可控制的內外環境因素，及在設定績效指標之初無法預測到的因素，而致使個別績效指標變得不切合實際。如，突如其來的「非典」，百年不遇的水災、旱災、地震等。當遇到這種情況時，就非常有必要對現行績效指標加以修訂與調整。

二、績效指標變更或修正程序

　　其基本程序是由員工本人提出，並詳細說明提出變更績效指標的原因，以及變更的內容。內容包括對績效指標的變更值、對工作計劃的修正和對時間進度的修正等。填寫績效指標申請表，經批准後再執行。通常影響績效指標調整的因素有如下幾個。

1. 外部環境變化，需要變更績效指標

　　由於外部環境變化致使績效指標進行變更或修正，一般環境變化包括：國際環境變化；市場競爭加劇；社會環境變化。如波及全球的

美國金融危機、新的法規政策的出台、科技的日新月異、社會需求變化、信息技術廣泛應用、物價普遍上調或下調等。

2. 內部因素變化，需要變更績效指標

內部因素包括：組織發展戰略調整，戰略目標變化；管理制度完善；激勵制度的強化；人事制度的改革；人員狀況變化；新技術應用；設備更新；資金或金融方面，有顯著的好轉或惡化；經營方面的變化，使績效指標體系要做重新檢討，等等。

3. 遭遇突發事件，需要變更績效指標

突發事件發生，天有不測風雲，各種突發事件常常對績效指標的達成產生影響，如地震、火災、水災、爆炸、傳染病等。

4. 更好的構想，需要變更績效指標

當組織產生比最初的構想更具發展性的構想時，即要改變績效指標。

5. 改變達成程度，需要變更績效指標

最初的構想需要經過複雜的手續才能達成的，現在卻出現更簡單的方法，或者是即使按照原來的程序也不能達成時，應改變績效指標。

6. 員工發生變化，需要變更績效指標

調職、辭職等發生事項而使員工有所變動時，也要對績效指標做一重新修正。

三、績效指標的變更修正

績效指標的變更或修正方法如下。

1. 確定績效指標變更或修正的條件

要變更原績效指標，組織應事先確定績效指標修正的條件，即符

合何種條件時，組織應修正績效指標。績效指標修正條件應事先確定，以應萬變。績效指標修正的條件，根據上述通常包括以下六種：外部環境變化；內部因素變化；遭遇突發事件；產生更好的構想；改變達成程度；員工發生變化。

2.明確績效指標變更程序及規定

⑴各級績效指標在完成過程中，若出現困難或問題，但不致影響部門績效指標和組織績效指標達成的，由績效指標執行人直接與其直線主管商談解決。

⑵績效指標完成遇到重大障礙，影響到部門或組織的績效指標時，應由執行人填寫「績效指標修正表」（表 4-12-1），呈報上級主管或組織的有關部門謀求解決。

凡無法解決的，應由績效指標執行人填寫績效指標修正表，送績效指標管理部門，經有關部門簽署意見，並呈有關高層主管核准，或經主管團隊集體研究後，方能修正績效指標的內容及指標。

變更或修正指標涉及其他崗位或其他部門，在「績效指標變更或修正表」中要詳細說明。

表 4-12-1　績效指標變更或修正表

原定績效指標	原定績效指標進度(月)%											
	1	2	3	4	5	6	7	8	9	10	11	12
1.												
2.												
3.												
4.												
……												

修改原因說明	
修改指標涉及有關部門和崗位	
部門主管意見	
績效考評主管部門意見	
審定意見	
備　　註	

13 明確完成績效指標所需因素

　　各部門及每個員工的績效指標設定後，要對完成指標所負的責任、所需要的資源、所需要的權限做系統分析，以免出現只有責任，沒有權限，只有指標，沒有資源。無論那一方面出現問題，都會直接影響績效指標的完成。要求各部門及員工完成績效指標，要提供相應的資源、賦予必要的權限，提供必要的人力、財力、物力和信息等資源條件，實現責權利的統一。

　　在實際操作中，各單位在這些方面存在問題。只是下達任務指標，而不注意提供相應的資源和條件。特別是完成績效指標所需要的工作權限最容易忽略。由於工作權限不明確，在工作中造成效率低下，浪費時間，甚至貽誤商機。因此，在績效考評方案中，明確界定完成每項績效指標所需資源和條件是極為重要的。

　　對明確界定的完成績效指標所需資源和條件，要寫入績效考核表。

1. 部門業務指標

表 4-13-1　部門業務指標

考評項目及考評指標	指標權重	計分標準	信息採集者	信息採集點	信息採集時間	信息採集方法	信息採集結果	必備條件
2023 年底前完成 X 型新產品開發並完成實驗，驗收合格								投入新產品開發、實驗資金 600 萬元
2023 年底前完成 Y 型新產品開發並完成實驗，驗收合格								投入新產品開發、實驗資金 500 萬元
按照年計劃完成對新產品操作技能培訓工作								保證有關人員培訓時間和培訓所需經費

2.管理責任指標

表 4-13-2　管理責任指標

考評項目及 考評指標	指標 權重	計分 標準	信息 採集 者	信息 採集 點	信息 採集 時間	信息 採集 方法	信息 採集 結果	必備條件
2024 年 6 月 30 日前按照要求標準，組織完成本部門的崗位分析及崗位說明書的編制工作								人力資源部提供技術指導，提供問卷調查表及說明書表格
2024 年 1 月 10 日前制訂出本部門各崗位績效考評指標以及組織實施方案								2023 年 12 月 10 日前明確該部門 2024 年關鍵績效考核考核指標
2024 年 1 月 20 日前制訂出本部門的績效薪資或獎金分配方案及實施辦法								2023 年 12 月 20 日前明確該部門 2024 年績效薪資或獎金總額
……								

3.個人能力指標

表 4-13-3　個人能力指標

考評項目及考評指標	指標權重	計分標準	信息採集者	信息採集點	信息採集時間	信息採集方法	信息採集結果	必備條件
2024 年參加 6 個小時的領導藝術培訓，提高領導能力								提供培訓機會和時間
2024 年自學人力資源管理基本知識書籍 2 本，提高管理水準								組織上提供自學教材，並組織統一考試
……								

第五章

績效考核的實施操作方法

1 績效考核信息的採集時間

　　績效量化考評方案實施如何？至少有一半以上單位回答：「績效考評方案走形式了，沒有達到預期的效果。」問題出在那呢？不是績效考評方案有問題，而是績效考核實施出問題了。實際上多數單位績效考評方案行不通，問題都出在考核的實施方面。一個組織的績效量化考評機制的建立，不在於績效指標設定的多少，關鍵在於組織實施。

　　績效信息採集時間是根據工作項目完成時間確定的，即工作項目什麼時間完成，什麼時間就是績效信息採集時間，工作項目完成的當日，必須對績效信息如實記錄，否則績效信息就不準確，考核結果就會出現問題。如，「某項工作的考核指標是 2 月 5 日完成什麼工作，達到什麼標準」，2 月 5 日下班前就要檢查，此項工作是否完成，如實記錄工作結果。到月底把一個月的記錄結果進行一次統計，就是本

月的考核結果。一個季的統計數字，就是一個季的績效考核結果。年底的統計結果，就是一年的工作績效。如果考核方案規定 96 分以上為優秀，某員工年底的統計結果是 98 分，這位員工績效考核結果就是優秀。只有這樣才能保證考核的公平性和真實性。

至於績效考核操作工作量問題，不必擔心。現在很多單位已經實現了辦公自動化，績效考核在電腦上進行，使得考核非常便利。績效量化考核的時間，是根據各項工作績效標準確定的，主要有以下幾種類型。

層次和工作複雜程度較高、工作非常規的崗位，工作業績的反映期較長，考核週期宜長一些，半年或 1 年考核 1 次；層次和工作複雜程度較低、工作常規的崗位，工作業績的反映期較短，考核週期宜短一些，每月或每季考核 1 次。因此，在考核週期的安排上，公司高階主管可以每年考核一次，部門經理每半年或 1 年考核一次，一般員工每月或每季考核一次。但是，上述人員能力指標的考核另當別論，可以每年考核一次。

在確定考核週期時，我們還要考慮對某一個指標進行短期評價是否客觀、準確。有時候，同一個崗位的不同考核指標中，有的適合短期評價，而有的適合長期評價。例如，考核銷售人員常用的指標有銷售額和回款率，銷售額適合按月或按季進行考核，而回款率適合按年度進行考核。雖然我們也可以計算出季甚至月的回款率，但得出的數字並不適合用來評價銷售人員的業績。

大多數崗位的考核週期都是按照自然時間長度確定的，如月、季、半年、年度，但研發、設計工作一般是按照項目本身的週期進行評價；例如，一個項目 3 個月結束了，就要對這個項目進行驗收並考核。

表 5-1-1　某公司各類人員的考核時間安排

人員類別	考評週期	考評時間
總裁、副總裁	年度	1月初
各系統總監、副總監	半年度	7月初
		1月初
	年度	1月初
銷售部員工(包括部門經理)	月	每月初
	年度	1月初
其他人員	季	每季初
	年度	1月初

一、按項目完成時間考核

通過工作分析，明確了每個崗位的各項工作標準，從工作標準中不難發現，每個工作項目是有時間要求的，這些時間就是量化考核的時間。

⑴各項工作報表、報告、工作總結、計劃、規劃等材料，未按規定時間完成的，每推遲一天扣責任部門×分。

⑵技改工程項目完成率、竣工結算率應為 100%，每延遲一天，扣責任部門×分，扣管理部門×分。

⑶科技、技改項目，按「責任狀」指標完成，未按時完成的，每項扣責任部門×分。

⑷科研項目或產品開發項目未按時完成的，扣責任部門×分。上級臨時交辦工作項目，在上級指示的時間內未完成的，扣責任部門×分。

⑸每年 12 月 30 日之前上報經調整、修訂後的經營發展規劃，完成率 100%，未按時完成該項不得分。

⑹每年 12 月 30 日之前完成並提交下年綜合計劃，完成率 100%，未按時完成該項不得分。

二、定時考核

所謂定時考核，是指按月和年考核。每月底要對有關工作項目進行核查，按計劃應當完成多少，實際完成了多少，是否按預定的工作計劃進行等。通過月核查，對每個員工和各部門的工作情況進行量化考核。年終要對本年所有工作計劃實施情況進行核查，核查是否完成了年工作任務，是否達到了年工作指標，用年工作考核指標進行考核。如：

⑴年工作計劃完成率應大於 95%，未完成的，每項扣責任部門×分；

⑵可控費用未按月計劃完成，每超支××萬元扣責任部門×分；

⑶部門預算準確率應達到 95%以上，每降低 1%，扣責任部門×分；

⑷員工持證上崗率 100%，每降低 1%，扣責任部門×分；

⑸培訓完成率 100%，每降低 1%，扣責任部門×分。

三、隨時考核

要使考評工作做到準確全面，還需要進行隨時考核。因為有些行為可能隨時發生，有些事情可能隨時出現，也有可能出現意外事件，

這些工作項目用固定期限考核，顯然不符合實際。因此，隨時考核也是績效考核的重要手段。在實際考評中，隨時考核的項目很多，如：

⑴遲到、串崗、溜崗的，每發現一人次，扣當事人所在部門×分；

⑵未按規定穿戴（使用）安全防護用品、保護用品的，每次扣當事人所在部門×分；

⑶未按工作要求完成任務，受到上級批評的，每次扣責任部門×分；

⑷發生傷亡、火災、設備事故、誤操作等，每次扣責任部門××分；

⑸違反財經制度，違規違紀金額在××萬元以上，××萬元以下的，扣責任部門×分；

⑹違反廉政規定的，每發生一人次扣責任部門×分；

⑺上級指示或各種會議決定事項，未按時完成，每逾期 1 天扣責任部門×分；

⑻發文不及時，每超一天扣責任部門×分；

⑼對外發文，每差錯 1 處扣責任部門×分，對內發文，每差錯 1 處扣責任部門×分；

⑽由於技術監督失誤，影響生產或造成損失的，每項次扣責任部門×分；

⑾資金進出賬準確率 100%，每出現 1 次差錯，扣責任部門×分。

四、績效考核信息採集時間案例

1. 部門業務指標

表 5-1-2　部門業務指標

考評指標	指標權重	計分標準	信息採集點	信息採集方法	信息採集時間
1. 根據計劃要求上報本企業在同行業中競爭力情況的市場調研報告。完成率100%，有效率70%以上	5%	每降 1%扣 1 分，扣完為止	總裁辦上報文件登記本或總經理或董事長		工作計劃規定時間
2. 每年 12 月 30 日之前上報經調整、修訂後的經營發展規劃，完成率100%	5%	沒有按時完成不得分	總裁辦上報文件登記本		12 月 30 日
3. 每年 12 月 30 日之前完成並提交下年綜合計劃，完成率100%	5%	沒有按時完成不得分	總裁辦上報文件登記本		12 月 30 日
4. 組織完成本單位年經營計劃，實現集團公司的目標。完成率100%	10%	每降 1%扣 1 分，扣完為止	集團公司財務處		12 月 20 日
5. 各部門每月預算指標的完成率達 100%	10%	每降 1%扣 1 分，扣完為止	集團公司財務處		每月最後一個工作日
6. 每月至少檢查銷售部工作一次，落實率、完成率100%	5%	每降 1%扣 1 分，扣完為止	銷售部及檢查記錄		每月最後一個工作日
7. 根據市場變化和年經營指標，按照總裁要求的時間組織完成確定調整公關銷售戰略和計劃，完成率100%	5%	沒有按時完成不得分	總裁辦上報文件登記本		總裁要求的時間

2.管理責任指標

表 5-1-3　管理責任指標

考評指標	指標權重	計分標準	信息採集點	信息採集方法	信息採集時間
1. 上報資料:按規定時間完成各種報表、報告、工作總結、計劃、規劃等材料的上報工作,完成率 100%;差錯率為 0	5%	每有一項未按時上報,扣×分;每出現一個差錯,扣×分	有關職能部門的管理記錄		各種資料要求上報時間
2. 制度執行:嚴格遵守本組織的各種規章制度。部門員工違反制度次數為 0	5%	每出現一次違反規章制度的行為和事件,扣×分	工作現場		隨時
3. 工作改進:績效回饋面談時,對下屬員工提出的年績效改進計劃,完成率達到 100%	5%	完成率每降×%,扣×分	績效改進計劃		每年 6 月和 12 月的最後一週

五、確定績效考核方法

在確定考核目標、對象、標準後,就要選擇相應的考核方法,常用的考核方法如下:

1.業績評定表

業績評定表就是將各種考核因素分為優秀、良好、合格、稍差、不合格(或其他相應等級)進行評定。其優點在於簡便、快捷、易於量化。其缺點在於容易出現主觀偏差和趨中誤差;等級寬泛,難以把握尺度;大多數人高度集中於某一等級。

2.工作標準法

把員工的工作與企業制定的工作標準相對照，以確定員工業績。其優點在於參照標準明確，考核結果易於做出；缺點在於標準制定，特別是針對管理層的工作標準制定難度較大，缺乏可量化衡量的指標。此外，工作標準法只考慮工作結果，對那些影響工作結果的因素不加反映，如決策失誤、生產線其他環節出錯等。目前，此方法一般與其他方法一起使用。

3.強迫選擇法

考核者必須從 3～4 個描述員工在某一方面的工作表現的選項中選擇一個(有時兩個)。其優點在於用來描述員工工作表現的語句，並不直接包含明顯的積極或消極內容，考核者並不知考核結果的高低。其缺點在於，考核者會試圖猜想人力資源部門提供選項的傾向性。此外，由於難以把握每一選項的積極或消極成分，因而得出的數據難以在其他管理活動中應用。

4.排序法

把一定範圍內的員工按照某一標準，由高到低進行排列的一種績效考核方法。其優點在於簡便易行，完全避免趨中或嚴格/寬鬆的誤差。其缺點在於標準單一，不同部門或崗位之間難以比較。

5.硬性分佈

將限定範圍內的員工按照某一概率分佈，劃分到有限數量的幾種類型上的一種方法。如假定員工工作表現大致服從正態分佈，評價者按預先確定的概率(例如共分五個類型，優秀佔 5%、良好佔 15%、合格佔 60%、稍差佔 15%、不合格佔 5%)把員工劃分到不同類型中。這種方法有效地減少了趨中或嚴格/寬鬆的誤差，但問題在於假設不符合實際，各部門中不同類型員工的概率不可能一致。

6. 關鍵事件法

指那些對部門效益產生重大、積極或消極影響的行為。在關鍵事件法中，管理者要將員工在考核期間內所有的關鍵事件都真實記錄下來。其優點在於針對性強，結論不易受主觀因素的影響。缺點在於基層工作量大，另外要求管理者在記錄中不能帶有主觀意願，在實際操作中往往難以做到。

7. 敘述法

考核者以一篇簡潔的記敘文的形式來描述員工的業績。這種方法集中描述員工在工作中的突出行為，而不是日常每天的業績。不少管理者認為，敘述法不僅簡單，而且是一種最好的考核方法。然而，敘述法的缺點在於考核結果在很大程度上取決於考核者的主觀意願和文字水準，此外由於沒有統一的標準，不同員工之間的考核結果難以比較。

8. 目標管理法

目標管理法是當前比較流行的一種績效考核方法，其基本程序如下。

(1)監督者和員工聯合制定考核期間要實現的工作目標。

(2)在考核期間，監督者與員工根據業務或環境變化修改或調整目標。

(3)監督者和員工共同決定目標是否實現，並討論失敗的原因。

(4)監督者和員工共同制定下一考核期的工作目標和績效目標。

目標管理法的特點在於績效考核人的作用從法官轉換為顧問和促進者，員工的作用也從消極的旁觀者轉換為積極的參與者，這使員工增強了滿足感和工作的自覺性，能夠以一種更積極、主動的態度投入工作，促進工作目標和績效目標的實現。

2 績效考核信息的採集方法

　　績效信息如何採集，要有明確具體的信息採集方法，不同的績效指標，信息採集方法不一樣。

　　有的績效信息要通過平時的工作記錄來考評績效的完成程度，如客戶的投訴率需要通過投訴記錄來檢查；有的績效指標需要通過具體數據來核查績效完成情況，如經營指標完成情況要通過財務數據或統計數據來說明問題；有的績效指標需要通過問卷調查來檢查績效指標完成情況，如滿意率之類的績效就需要通過對服務對象滿意率調查來核查等。不同的績效指標，需要不同的信息採集方法，有的需要提前做好考評的準備工作，如滿意率的調查，就需要設計好問卷調查表等。

1. 現場筆錄法

　　所謂現場筆錄法，即考核員到工作輸出點詢問工作結果完成情況，工作輸出點提供績效考核信息，督察員如實記錄，並要求提供績效信息者對所提供的信息驗證簽字，以此種手段採集績效考核信息。

　　例如，某職能部門起草一篇董事長發言稿，發言稿審定人是董事長，即工作輸出點就是董事長。考核員按照完成時間到董事長辦公室採集信息。董事長說：「某職能部門按時完成報告起草工作，我對報告品質滿意率為 100%。」考核員現場記錄，並把記錄結果讓董事長過目，檢查記錄結果是否正確。如果董事長說：「記錄正確」，董事長在記錄結果的下面簽字。考核員將此結果填寫在績效考核表內。這就是現場筆錄法採集績效考核信息的過程。

2. 現場督察法

所謂現場督察法，即考核員到工作現場或考核指標要求指定場地進行檢查採集考核信息。

如考核指標規定：「在會議期間不許鳴鈴，」此項指標考核信息的採集就需要考核員到會議現場進行督察考核。又如考核指標規定：「公司召開的各種會議不許遲到，每遲到一次扣 1 分。」此項指標考核信息的採集也需要考核員到會議現場進行督察考核。在考核指標中類似這樣的考核指標有很多。

3. 數據查證法

所謂數據查證法，即考核員到有關數據統計或匯總的權威部門查證有關數據採集考核績效信息。對於企業有關數據統計或匯總部門包括財務部、統計部、企管部、行政辦公室、人力資源部、督察室；此項考核指標績效信息的採集，即本市同類醫院的均值是多少，就需要到市衛生局統計部門進行數據採集和查證。

4. 問卷調查法

問卷調查法是指通過向服務對象發放調查表，徵求服務對象的意見和滿意率，以此為依據做出考評。調查表上要列出需要調查的績效項目和指標，常常採用選擇回答的方式。項目指標要明確簡單，一般情況下，可以採用打「√」的方式，便於考核人員節約時間和提高考核的興趣。

此種方法也是績效量化考評的一個重要手段，它主要用於對內服務的部門和個人和對外服務的部門和個人，特別是一個組織內的職能管理部門，如行政辦公室、人力資源部、財務部、工會等部門，很多工作項目都是服務性的，服務性工作其工作績效由服務對象來考核。

績效考核信息採集的方法，通常是採用問卷調查考核信息採集

法。問題是問卷調查績效考核效果不理想。此問題的出現，不是調查問卷方法有問題，而是調查問卷的設計不科學。

5.抽樣檢查法

在績效量化考核指標中有大量的績效指標是行為方面的考核指標。行為績效指標的考核通常是採用抽樣檢查法。因為，行為是暫時發生的，不可能一天 8 個小時都實施考核，即使是採用錄影全天監控，督察員也不可能查看整個錄影帶，因為這是不可能的，績效考核信息採集成本太大了，抽樣檢查信息採集法是一種常用績效信息採集方法。

(1)間隔抽樣

所謂間隔抽樣，是督察員根據績效考核指標，採取的一種績效信息採集方法。多長時間採集一次信息，根據考核項目情況和督察員人數來決定的。如一個單位有 3 名專職的督察員，其抽樣的間隔就可能小一些。可能 1 天檢查一次，或 2 天檢查一次。如一個單位設置的是兼職督察員，其抽樣的間隔就大一些。可能一個星期檢查一次，等等。

(2)隨機抽樣

對行為績效考核指標的考核，通常採用間隔抽樣和隨機抽樣相結合的方法進行績效考核信息採集。這種相結合的方法有利於行為績效指標的考核，有利於提高績效考核指標的考核效果。因為被考評者不知道什麼時間檢查，如沒按照行為標準去做，就有可能被扣分。如有些服務工作崗位安裝了攝像機，全天候監控。考核員可能只查看某一週某一天 20 分鐘的錄影帶，發現誰違反了行為標準就扣分，督察員隨時到現場檢查，都可達到採集績效指標信息的目的。對於客戶的滿意率調查也一樣。

⑶分層抽樣

分層抽樣採集績效考核信息,主要應用於組織的內外客戶滿意率方面考核信息採集。在不同層次的人員中發放一定數量的績效信息採集表,分層統計,瞭解不同層次人員對某項工作的滿意程度,以便有針對性地改進服務工作,提高服務品質。

6.績效考核信息的採集案例

上列績效考核資訊採集方法,在實際考核中效果如何?請參閱下表績效考核資訊採方法案例。

表 5-2-1 　部門業務指標績效考核信息採方法案例(部份)

考評指標	信息採集者	信息採集點	信息採集時間	信息採集方法	說明
1.制度建設:按照年計劃完成有關管理制度的制訂與修訂工作,完成率100%	考核員	檔案室制度存檔資料	年績效考核前一週	數據查證法或現場筆錄法	在年績效考核前一週,督察員到檔案室查證制度存檔資料,或詢問檔案室管理人員,筆錄存檔情況,採集考核信息
2.制度執行:對有關管理制度的執行進行監督、檢查和指導,高層主管對管理制度執行的滿意率達到××%以上	考核員	高層主管	年績效考核前一週	問卷調查法	在年績效考核前一週,督察員對高層主管進行問卷調查,採集考核信息

續表

考評指標	信息採集者	信息採集點	信息採集時間	信息採集方法	說明
3.日程安排：根據每位高層主管的週工作計劃，協調安排好高層主管各項活動，高層主管對活動安排的滿意率達到××%以上	考核員	高層主管	每月最後一週	問卷調查法	在每月最後一週，督察員對高層主管進行滿意率問卷調查，採集考核信息
4.文件起草：按照高層主管要求的時間和內容起草各種文件、請示、報告和通知等材料，完成率100%；差錯率為 0；高層主管滿意率達到××%以上	考核員	高層主管和中層主管	每月最後一週	問卷調查法或數據查證法	在每月最後一週，督察員對高層主管進行完成率、滿意率問卷調查；對高、中層主管進行差錯率問卷調查，並對有關差錯進行查證，採集考核信息
5.會議記錄：要求各種會議均有記錄，記錄格式規範，記錄內容真實無遺漏，字跡清楚，完成率100%；差錯率控制在××%以內	考核員	會議記錄本	每季最後一週	抽樣檢查法	在每季最後一週，督察員抽樣檢查某一次會議的記錄，採集完成率和記錄差錯情況的考核信息
……	……	……	……	……	……

3 員工績效考核的常用法

1. 實績統計法

實績統計法是利用各種原始生產記錄和其他記錄統計資料直接反映員工的工作成果，以此來考核員工的績效。

實績考評法主要適用於工作任務明確、穩定，且工作成果能夠用量化形式予以表示的工作崗位，如生產線上的工人便適用於這種考評方法。企業在應用實績考評法時，應盡可能把反映員工工作成果的所有指標都包括進來，以便全面考察員工的工作成果。

2. 調查詢問法

調查詢問法透過訪談、座談、問卷等形式對工作人員實施考核評價。根據調查詢問的手段不同，可將調查詢問法分為訪談法，座談法，問卷法。

3. 圖尺度評價法

圖尺度評價法稱為圖解式考評法，是最簡單和運用最普遍的工作績效評價工具之一。在應用圖尺度評價法時，事先列舉出一些組織所期望的績效構成要素（品質、數量或個人特徵等），還列舉出跨越範圍很寬的工作績效等級（從「不令人滿意」到「非常優異」）。在進行工作績效評價時，首先針對每一位員工從每一項評價要素中找出最能符合其績效狀況的分數，然後將每一位員工所得到的所有分值進行匯總，即得到其最終的工作績效評價結果。

4. 關鍵事件法

關鍵事件法是記錄員工平時工作中的關鍵事件：一種是做得特別

好的，一種是做得不好的，在預定的時間，通常是半年或一年以後，利用積累的記錄，由主管與被考評者討論相關事件，為測評提供依據的一種考評方法。

5.評級量表法

評級量表法就是把員工的績效分成若干項目，每個項目後設定一個量表，由考核者實施考評。

評級量表法是最古老也是用得最多的考核方法之一，該法應用簡便，費時較少，有效性也很高。

6.行為錨定等級評價法

行為錨定等級評價法是對一份職務工作可能發生的各種典型行為進行評分度量，建立一個錨定評分表，以此為依據，對員工的實際工作行為進行測評級分的考評方式。

行為錨定等級評價法實質上是把關鍵事件法與評級量表法結合起來，兼具兩者之長。行為錨定等級評價法是關鍵事件法的進一步拓展和應用。它將關鍵事件和等級評價有效地結合在一起，透過一張行為等級評價表可以發現，在同一個績效維度中存在一系列的行為，每種行為分別表示這一維度中的一種特定績效水準，將績效水準按等級量化，可以使考評的結果更有效、更公平。

行為錨定等級評價法的目的在於透過一個等級評價表，將關於特別優良或特別劣等績效的敘述加以等級性量化，從而將描述性關鍵事件評價法和量化等級評價法的優點結合起來。

4 績效考評的主體人

考評主體人的確定，是指由誰來考評誰的問題。這個問題也是大家非常關心的問題。它關係到量化考評結果是否公正、客觀，也關係到考評方案能否在一個組織全面推行和有效實施。那麼，究竟由誰來考評比較合適呢？對此問題必須做出明確回答。

一、各層級績效考評的主體人確定

工作相關考評原則和逐級負責原則的應用，涉及各級人員績效考評主體和績效信息採集者的確定問題。

1. 高層主管績效考評主體的確定

高層主管的考評主體是其上級主管、服務對象和工作相關者。工作相關者是指與工作相關的上級主管部門、同級高層主管、與工作流程有關的下級部門和人員。

圖 5-4-1　高層主管績效考評主體及信息採集者

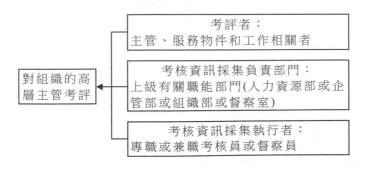

考核信息採集是由上級有關職能部門負責，如人力資源部或企管部或總裁辦或組織部或督察室等。負責信息採集的職能部門只是根據考核方案規定的考核指標負責績效指標的核查，如實記錄工作結果，即只有考核信息採集權和考核信息統計權，沒有評價權。考核信息採集的具體執行者是由上級的督察員完成。

2.部門主管及分公司主管的績效考評主體的確定

其考評主體是其分管、服務對象和工作相關者。工作相關者是指上級有關的主管部門、本組織有關的職能管理部門，本組織有關的高層主管、與工作流程有關的同級部門和有關人員。考核信息採集是由本組織的有關職能部門負責，如人力資源部或企管部或辦公室或組織部或督察室等。負責信息採集的職能部門只是根據考核方案規定的考核指標負責績效指標的核查，如實記錄工作結果，即只有考核信息採集權和考核信息統計權，沒有評價權。考核信息的具體操作者是由本組織的督察員完成。

圖 5-4-2　部門主管及分公司主管考評主體及信息採集者

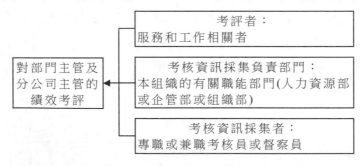

在設定考評指標權重時，要注意區分主管與有關高層主管的打分權重，服務對象與工作流程相關者考評分數的權重。現在很多單位存在的問題是，部門主管和分公司主管績效考評，完全由其主管打分考

評，這是不正確的，違背了考評主體的原則。這樣的考評必然使得績效考評方案形同虛設。

3. 班組長的績效考評主體的確定

其考評主體是本班組的主管、服務對象和工作相關者。工作相關者是與工作流程有關的班組、有關的部門主管和有關人員。考核信息採集是由本班組的主管。在沒定考評指標權重時，要注意區分主管與有關部門的打分權重，服務對象與工作流程相關者考評分數的權重。對班組長的考評，也要注意考評主體問題。考評主體並不只是其主管，還有服務對象和工作相關者。

圖 5-4-3　班組長考評主體及信息採集者

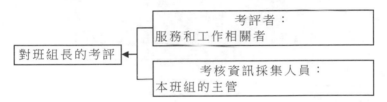

4. 員工的績效考評主體的確定

其考評主體是員工的班組長、服務對象和工作相關者。工作相關者是與工作流程有關的班組和有關人員。考核信息採集是主管員工的班組長。

如果班組長不能勝任其考評者的職責，員工的考評主體就成為部門的主管。這種現象在部份單位是可能存在的。

圖 5-4-4　員工考評主體及信息採集者

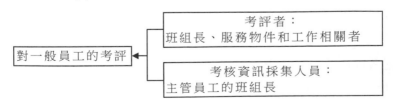

5.督察員的考評主體的確定

督察員負責採集各部門或分公司的績效考核信息，那麼由誰來採集督察員的考核信息呢？這個問題非常重要，如果對督察員沒有考核，顯然這個考評體系是不完整的，也是不公平的。督察員的考評主體是組織內的全體員工。即全體員工都有權力監督督察員，隨時發現問題，隨時可用書面形式或口頭形式或通過電子郵箱將績效信息採集不實的情況向第一把手或經第一把手授權的有關人員反映，有關人員得到信息後會及時向第一把手彙報。

對員工反映的問題進行查證和落實。對於查證和落實的結果如何處理，要在績效考評方案作出明文規定。為便於督察員開展工作，通常是督察員直接對組織的第一把手負責。

圖 5-4-5　督察員考評主體及信息採集者

督察員的最終考核結果及等次決定。通過上述分析可以看出，各類人員的考評主體及績效考核信息的採集，都不是自己考評自己，即對於各級直線主管和員工的績效信息採集，不能自己採集自己的績效信息，即不能自己給自己打分，也就是不能既當運動員，又當裁判員；如同考生不能給自己的考卷判分，不能當自己考卷的分數統計員一樣。這是原則性問題，不能含糊。

對各層級人員的考核信息採集者進行綜述，其結果見表 5-4-1 所示。

表 5-4-1　各層級人員的考評者及考核信息採集者

被考評者	考評者	考核信息採集者
高層主管	主管、服務對象和工作相關者	考核信息採集負責部門：上級有關職能部門(人力資源部或企管部或組織部或督察室) 考核信息採集執行者：專職或兼職督察員
部門或分公司主管	主管、服務對象和工作相關者	考核信息採集負責部門；本組織的有關職能部門(人力資源部或企管部或組織部) 考核信息採集執行者：督察員
班組長	部門主管、服務對象和工作相關者	本班組的主管
一般員工	班組長、服務對象和工作相關者	主管員工的班組長
督察員	組織內全體員工	組織內全體員工

二、績效考核信息者的職責

　　在實際實施考核中，人力資源部或督察室如何對各部門和部門一把手進行量化考核信息採集呢？是不是太煩瑣了？負責績效考評部門或某位主管要對有關部門或中層管理者進行這樣的量化考核，其他的工作什麼也就別幹了，怎麼行得通呢？其實，沒有必要擔心。只要量化考核標準完善了，量化考核體系建立起來了，設 2～3 個專職或兼職督察員就可以完成一個單位的所有部門和部門一把手的量化考核的信息採集工作。績效考核信息採集是由督察員來完成的，這是督察員的崗位職責，不是高層主管的職責。

　　例如，規定有關部門的統計報表在每月 5 日前交行政辦公室，到

時考核員就到行政辦公室核查。又如，規定某部門 6 月底前完成指標的百分之多少，到時考核員就會詢問統計部門或財務部門的統計數據，完成多少就是多少，統計部門或財務部門只管提供具體數據。因此，這種量化考核實際操作也並不複雜。

績效考核信息採集的方法是將各部門和部門管理者的考評項目及量化考核標準輸入電腦，並進行簡單的信息化處理。督察員每天上班後，一打開電腦，電腦就會顯示出今天應考核的項目。也就是說，今天那些項目應當完成，那些工作到了規定完成的時間。

督察員按照電腦的提示，逐項核查落實。完成了，就在電腦顯示出的「績效信息採集結果」欄，記錄實際完成的結果或打「√」；沒完成，也在「績效信息採集結果」欄記錄實際工作結果或打「×」。完全是客觀記錄，不存在主觀因素和定性評價。如果採用網路管理，電腦顯示出的考核信息，各部門所有主管隨時都可以看到。對於一些隨時考核項目，督察員要到現場檢查和隨機檢查，隨時發現問題，隨時記錄，按照電腦儲存的考核標準隨時扣分。如通知各部門一把手 4 月 10 日上午 9 點在第 2 會議室開會，考核員就要進行現場考核，會議通知的時間是上午 9 點，凡是 9 點後到會的均為遲到，按照考核標準扣分。在會議期間，規定手機不許鳴聲，如果某人手機響了，考核員就記下此人的名字，並按照考核標準扣分。

目前，有的單位是考核員負責績效信息的採集工作，有的單位設立督察員負責績效信息的採集，兩者有何區別？

在一個組織建立績效考評體系的初期，通常將績效信息採集工作由人力資源部或企管部負責，這時把績效考核信息採集者稱為考核員。隨著績效考評機制的完善，考評力度的加大，監督力量的加強，增設了督察室，專門負責績效考評信息的採集工作，其考核信息採集

人員稱為督察員。督察室的職責是：

　　⑴負責各部門及部門一把手績效考核信息採集；

　　⑵負責本組織各項規章制度的執行情況檢查；

　　⑶臨時交辦任務落實情況的檢查。

　　這是督察員基本職責和工作的過程與方法，至於每項工作，達到標準得幾分，沒有達到標準扣幾分，工作超額或工作出色受到表揚加幾分，這在績效考評方案中都應作出明確規定，並存入電腦，只要將工作完成和未完成有關信息輸入電腦，電腦就會自動運算。每月底或年底，電腦就會列印出每個部門、每個直線主管和每個員工的考核結果。該結果就是量化考核的結果。

　　當然，這種考評方式的有效性，是建立在量化考核制度的基礎上。如果考評標準不能做到量化，這種方式也就很難應用。

　　有的高層主管可能會想，設立督察員，又多出了幾個編制，甚至又多了一個部門，這值得麼？如果要問值不值得，答案是肯定的，非常值得！現在無論是政府機關、事業單位，還是企業，那個單位缺考核指標？那個單位缺規章制度？都不缺，缺的是執行力，即有考核指標沒人檢查，有規章制度沒人執行。這一切都是缺乏督察造成的。

三、醫院的績效考核信息採集案例（部份）

1. 業務指標

表 5-4-2　業務指標

考評指標	指標權重	計分標準	信息採集者	信息採集點	信息採集方法	信息採集時間
1. 每個醫生手術人次。以市所有同類醫院指標均值為考核指標	略	達到市同類醫院指標均值得 2 分。指標值每超出均值 5%，加 0.1 分；指標值每低於均值 5%，減 0.1 分	督察員	衛生統計報表結合專項調查結果		
2. 床位效率。以市同類醫院的均值為考核指標	略	達到市同類醫院指標均值得 4 分。指標值每低於均值 0.5 天/人，加 0.1 分；指標值每高於均值 0.5 天/人，減 0.2 分	督察員	衛生統計報表		
3. 醫療成本費用率。以市級同類醫院均值為考核指標	略	達到市同類醫院指標均值得 3 分。指標值每高於均值 2 個百分點，減 0.2 分；指標值每低於均值 2 個百分點，加 0.2 分	督察員	經審計的財務報表		
4. 藥品比率（藥品收入佔醫藥收入比例）。以市級同類醫院均值為考核指標	略	達到市同類醫院指標均值得 2 分。指標值每高於均值 3 個百分點，減 0.1 分；指標值每低於標杆 3 個百分點，加 0.1 分	督察員	經審計的財務報表		

2.能力指標

表 5-4-3　能力指標

考評指標	指標權重	計分標準	信息採集者	信息採集點	信息採集方法	信息採集時間
1. 三基考試，要求合格率達到 100%	略	部門員工合格率(60 分)達到 100%得 4 分。每降低 1%，扣 0.1 分	督察員	院人事處培訓科		
2. 每月 3 日前上交上月本部門的考勤表	略	按時上交得 1 分。沒有按時上交不得分	督察員	院人事處		
......	......	......				......

5 績效考核信息採集點的確定

一、如何採集績效考核信息

所謂績效信息採集點，就是考評者到什麼地方檢查被考評者工作完成情況。考評者應到工作輸出點上檢查工作完成情況。績效信息採集點就是工作的輸出點。工作結果如何，由工作輸出點提供績效信息。如，王先生的服務品質如何，應由其服務對象來評價，即績效資訊點是服務對象，而不是王先生本人；又如，王先生今年完成了經營利潤是多少，應由財務部門提供數據，即績效資訊採集點是財務部門，而不是當事人王先生本人，等等。

　　績效考核信息的採集不是自報成績，一個部門或一個分公司的績效考核信息採集由督察員負責，一般員工的績效考核信息採集由其直線主管負責。對此有的人可能產生疑問，直線主管採集其下屬員工的績效考核信息問題不大，因為直線主管對其業務比較熟悉，而且工作是直線主管交辦的，績效標準也是直線主管參與設定的。

　　對於督察員可就不同了，他們怎麼瞭解各部門或分公司的業務，有的部門或分公司業務的技術含量很高，督察員通常是行政管理人員，即使是專業技術人員也不可能對各部門的業務都精通，怎麼進行績效考核信息採集呢？不用擔心，不要求督察員懂業務，也不要求其懂專業。因為，督察員採集考核信息，是到工作輸出點採集，各項是否按計劃時間完成，是否達到績效指標要求的品質標準，是否達到績效指標要求的滿意率等，完全由工作輸出點提供信息，督察員只是如實記錄即可。但在操作中，信息採集的類型可能是多種多樣，不同的類型要採用不同的方法。下面重點介紹幾種。

　　1.技術部門開發新產品，其工作輸出點是新產品鑑定會

　　督察員應查看並複製鑑定會對此新產品鑑定結果及完成時間，以此結論作為憑證，與績效考核方案中要求達到的績效指標進行對比，填寫績效考核表。此項考核指標的績效信息採集工作完成。

　　2.銷售服務部門的服務滿意率，其工作輸出點是客戶

　　督察員按照績效考核時間向客戶發放調查問卷採集信息。調查問卷採集到的信息就是該部門該項指標實際工作結果，督察員以此為依據，填寫績效考核表。此項考核指標的績效信息採集工作完成。至於調查問卷如何設計，發放多少份調查問卷，調查問卷發放給什麼客戶，各種客戶發放的比例等問題，是在績效考評方案解決的問題，不

是督察員的職責。

3.資金到賬以財務部數字為準，即工作輸出點就是財務部

督察員按完成時間到財務部採集信息。財務部有關人員查看帳本後說：「某經營部門今年完成經營收入 5000 萬元」。督察員現場記錄，並把記錄結果讓提供信息的財務人員過目，檢查記錄結果是否正確。如果財務人員說：「記錄正確」，財務人員在記錄結果的下面簽字。督察員將此結果填寫在績效考核表內。

某經營部門此項工作考核結果就自然生成，是得分，還是扣分，得了幾分，還是扣了幾分，就由電腦自動運算了。此項考核指標的績效信息採集工作完成。

4.技術部門設備維修與維護工作，其工作輸出點是設備的使用部門

督察員按照績效考核標準到設備使用部門採集信息。設備使用部門說：「設備維修人員能在規定時間內到達維修現場；能按照設備維修技術標準，在規定時間內完成設備的維修工作；在規定時間內對設備進行維護和保養。」督察員現場記錄，並把記錄結果讓提供信息人員過目，檢查記錄結果是否正確。如果提供信息人員說：「記錄正確」，提供信息人員在記錄結果的下面簽字。

督察員將此結果填寫在績效考核表內。此項考核指標的績效信息採集工作完成。

5.職能部門起草一篇董事長發言稿，發言稿審定人是董事長，即工作輸出點就是董事長

考核員按照完成時間到董事長辦公室採集信息。董事長說：「某職能部門按時完成報告起草工作，我對報告品質滿意率為 100%。」

督察員現場記錄，並把記錄結果讓董事長過目，檢查記錄結果是否正確。如果董事長認為：「記錄正確」，董事長在記錄結果的下麵簽字確認。

督察員將此結果填寫在績效考核表內。此項考核指標的績效信息採集工作完成。

6.行政辦公室的行政後勤服務滿意率，該項工作輸出點是組織內的各部門

考核員按照績效考核時間和標準向組織內各部門發放調查問卷採集信息。調查問卷採集到的信息就是該部門該項指標實際工作結果，督察員以此為依據，填寫績效考核表。

以此類推，其他類型的績效考核信息採集也同樣如此。由此可以看出，督察員沒有必要懂得技術，只是要求如實記錄即可。如果採集的績效信息出現虛假結果，誰提供的信息，誰負責任。至於對虛假信息如何處理，督察員不如實填寫績效考核信息採集表如何扣分等不良現象，在績效考評方案中要作出明文規定。

二、績效考核信息採集點案例

在實際績效考評方案中，要求簡單明確地寫出績效信息採集點。

表 5-5-1　績效考核信息採集點案例（部份）

類別	考評指標	指標權重	計分標準	信息採集者	信息採集點	信息採集方法	信息採集時間
部門業務指標	1. 根據計劃要求上報本企業在同行業中競爭力情況的市場調研報告。完成率 100%，有效率 70%以上	5%	每降 1%扣 1 分，扣完為止	考核員	總裁辦上報文件登記本或總經理或董事長		工作計劃規定時間
	2. 每年 12 月 30 日前上報經調整、修訂後的經營發展規劃，完成率 100%	5%	沒有按時完成不得分	考核員	總裁辦上報文件登記本		12 月 30 日
	3. 每年 12 月 30 日前完成並提交下年綜合計劃，完成率 100%	5%	沒有按時完成不得分	考核員	總裁辦上報文件登記本		12 月 30 日
	4. 組織完成本單位年經營計劃，實現集團公司的目標。完成率 100%	10%	每降 1%扣 1 分，扣完為止	考核員	集團公司財務處		12 月 20 日
	5. 各部門每月預算指標的完成率達 100%	10%	每降 1%扣 1 分，扣完為止	考核員	集團公司財務處		每月最後一個工作日
	6. 每月至少檢查銷售部工作一次，落實率、完成率 100%	5%	每降 1%扣 1 分，扣完為止	考核員	銷售部及檢查記錄		每月最後一個工作日
	7. 根據市場變化和年經營指標，按照總裁要求的時間組織完成確定調整公關銷售戰略和計劃，完成率 100%	5%	沒有按時完成不得分	考核員	總裁辦上報文件登記本		總裁要求的時間
…	……	……	……	……	……		……

6 各類人員考評期限的確定

一、確定考核週期

所謂考核週期，就是多長時間舉行一次考核。一般來說，在設計考核週期時，要考慮一些重要因素，如考核目的、公司所在行業、考核對象的職務、獎金發放的週期等，只有綜合考慮到各類因素，才能設計出符合企業實際的考核週期。

1. 不同考核目的決定考核週期

績效考核的週期是指員工接受績效考核的間隔時間，決定考核週期最主要的因素是考核目的。

表 5-6-1　基於考核目的的考核週期

考核目的	考核週期
績效薪酬的發放	一年
	一季
	一月
核查獎勵資格	與獎勵週期一致
能力開發運用配置	按年連續考評
續簽聘用合約	在合約期限內綜合每年考評

2. 根據行業不同設計考核週期

績效考核的週期應根據行業特點來設計。

3.其他決定考核週期的因素

在設計考核週期時，除了考慮考核目的和行業因素之外，其他一些因素也對考核週期的設計有影響，也應加以考慮。

表 5-6-2 決定績效考核週期的相關原則

根據薪酬的發放週期來定考核週期	如果公司每半年或每一年分配一次獎金，那麼最好是績效考核的週期與獎金發放的時間相對應
根據績效目標的完成週期來定考核週期	對於一些項目管理來說，要根據項目的完成週期考核
根據職工的職務類型來定考核週期	對於操作類員工，他們的績效結果有時當天就可以看到，所以考核的週期相對要短一些；對於管理類和技術類的員工，他們出成果的週期相對長一些，所以考核的週期也相對長一些
根據考核的工作量來定考核週期	如果考核的工作量非常大，那麼考核週期短，其品質就很難保證，這時考核的週期就應該相對長；反之，如果考核的工作量不大，那麼就可以考慮考核的週期相對短一些
分散式考核週期	當每位員工在本部門滿一個考核週期時，即對他進行考核，如此員工的績效考核就分散到部門主管平時的工作中了

二、按考評對象職級確定考評期限

考評期限的長短，可根據單位的工作性質、考評對象的具體情況以及考評目的來確定。通常有以下幾種方法：

根據考評對象的職務級別高低，來安排考評期限的方法。職務層

級高，工作複雜性高，其素質和智慧越高，其業績的反映週期越長。反之，職務級別越低，工作簡單，其業績體現所需週期也相應地短。

　　具體期限的安排，並沒有一個絕對的規定，但通常對管理人員這樣安排：高層決策人員以 2～3 年為期限；中層管理人員以 1 年為期限；基層管理人員則可以半年或一年為期限。

　　對科技人員可以這樣安排：高級專業技術人員（高級工程師、教授）以 3 年左右為考評期限，中級以下專業技術人員則以 1 年為考評期限。

　　按考評對象職務特點安排期限，層次清楚。

三、按考評對象組織方式確定考評期限

　　這是根據考評對象的特點來安排考評期限的一種方法。通常這種方法適用於對管理人員的考評。在實行目標管理的單位，以實現組織目標的週期作為考評週期，通常是一年；也有半年或一季一月的；在實行聘任制的單位，以聘期為考評週期；在採用常規體制的單位，一般以一年為週期。這種方法的優點是根據組織特點設計考評週期，有利於促進人力資源的開發，但實行這種方法要求有較為科學的管理方法和有效的考評機構，否則難以做出合理安排。

四、按考評目的和用途確定考評期限

　　應用此種方法，其考評期限最終取決於考評的目的和用途。通常可以這樣安排全面的、正規的、階段性考評，每兩年進行一次作為人力資源「家底」的調查，根據調查結果決定考評期限。調查結果也可

作為管理人員和相關人員的基本狀況和崗位是否勝任的依據。

　　正常簡要的考評，每年進行一次，主要用於工作績效的考評。通常適用於主管和科研人員，對於一般員工可每季或半年考評一次，有的崗位可每月考評一次。特殊用途的考評，可根據需要安排，如選拔幹部等。

7 不同單位的相互比較

　　績效評估中的比較法，主要是要求評價者拿一個人的績效去與其他的人進行比較。這種方法通常是對所有人的績效進行全面評價，並設法把在同一個工作部門的人排出一個順序。將不同個體的績效相互比較的方法大致有三種：排序法、強制分配法和配對比較法。

1. 排序法

　　排序法（Ranking method），即將一個部門內部所有的員工按照績效水準排出一個順序，有兩種排序方法。

　　一種方法叫做簡單排序法，就是將同一個部門內部所有的員工從第一名排到最後一名，簡單排一個隊。

　　另一種方法叫做交替排序法。這種方法要求對所有接受評估的員工名單進行審查，我們假設接受評價的部門一共有 10 名員工。然後從中挑出一個最好的員工，將這個人的名字從名單中劃掉，並做一個標記「1」。接下來從剩下的名單中找出最差的員工，也把名字從名單中劃掉，並做一個標記「10」。以次類推，所有員工都被分配給一個順序號。

使用交替排序法進行評估，要根據確定的評價要素或者評價維度進行。

2.強制分配法

強迫分配法(Forced Distribution Method)大多為企業在評估績效結果時所採用。該方法就是按事物的「兩頭小、中間大」的正態分佈規律，先確定好各等級在被評估者總數所佔的比例，然後按照每個員工績效的優劣程度，強制列入其中的一定等級。例如某企業規定評價為優秀的比例為 10%、良好為 40%、合格為 40%、有待改進為 5%、差為 5%。

憑藉該規律，繪製出了著名的「活力曲線」，按照業績以及潛力，將員工分成 ABC 三類，三類的比例為：A 類：20%；B 類：70%；C 類：10%。對 A 類這 20%的員工，韋爾奇採用的是「獎勵獎勵再獎勵」的方法，提高薪資、股票期權以及職務晉升。A 類員工所得到的獎勵，可以達到 B 類的兩至三倍；對於 B 類員工，也根據情況，確認其貢獻，並提高其薪資。但是，對於 C 類員工，不僅沒有給予獎勵，還要將其從企業中淘汰出去。

強迫分配法作為一種績效評估方法，有其優點也有其缺點。

①強迫分配法的優點主要表現為以下三點：

第一，等級清晰、操作簡便。等級劃分清晰，不同的等級賦予不同的含義，區別顯著；並且，只需要確定各層級比例，簡單計算即可得出結果。

第二，刺激性強。「強制分配法」常與員工的獎懲聯繫在一起。對績效「優秀」的重獎，績效「較差」的重罰，強烈的正負激勵同時運用，給人以強烈刺激。

第三，強制區分。由於必須在員工中按比例區分出等級，可以使

績效評價結果有一個合理的分佈，會有效避免評估中趨中效應，以及過寬或過嚴的現象。在管理者傾向給員工打高分，出現「天花板效應」，或者給下屬普遍打低分，出現「地板效應」，以及給幾乎所有下屬都打一個「居中」分數的情況下，適合採用強制分配法。

　　②強迫分配法的不足：由於這種分配是「強迫」的，沒有商量餘地，在實施中往往會遇到下列主要問題：

　　第一，團隊合力問題。排在「優異」的畢竟很少，一般只有10%左右，排名「優秀」或「良好」的員工對此頗有微詞。有的甚至距「優異」只差個小數點，但最後得到的獎勵卻相距甚遠。並且，績效「一般」的員工更不平衡，獎勵都讓你們拿了，工作也由你們幹好了。大家開始出工不出力。排名「優異」的員工受到排擠，情緒也開始消沉起來。

　　第二，分數的公正性問題。有的部門，整體員工素質與績效都很不錯，部門內評價「一般」的，也許到部門外可以得到「優秀」，但「強制分配法」的規則，必須有人是最差的，部門領導難以接受，更不忍心「下手」。另外，對一些部門，如人力資源部、財務部、行政辦公室等部門，因為人數少或太少，難以區分不同等級。因此，一些企業採用「滾雪球」的辦法，將這幾個部門員工的考核成績捆綁計算，按總排名，計算出不同等級。為了使自己部門的員工能夠有更好的排名，各部門負責人使出渾身解數，提高部門員工的考核分數。於是，對員工要求較嚴的負責人頓成眾矢之的。有的受不了內擠外壓，辭職了。留下來的，關係微妙起來，大家的關注點，由原有的工作，轉移到高深莫測的考評政治上。

　　第三，結果的運用問題。對績效都很差的員工，如果這些員工市場就職能力低，辭退這些員工就不是容易的事情；如果員工的能力

強，或者員工的專業性強、行業內比較緊缺的，即使考核結果很差，企業卻也不能將其淘汰。因為，只要公司一開口，另有大把公司等著要呢。考核結果一出來，有些人自己就痛痛快快地炒了公司魷魚。另外，結果應用難還表現在獎勵兌現難。考核結果出來後，出乎大家的意料，不少領導和員工心中的好員工，卻不知為何拿不到好的成績，考評「優異」的，有相當一部份難以服眾。老闆也不情願給二流的人員發一流的薪資。於是，考核「優異」的，怪老闆言而無信；考核「優秀」的，心裏不服氣；考核「一般」的，有了推卸責任的藉口；考核「較差」的，一部份要老闆付出心力苦苦挽留，另一部份要企業付出金錢謹慎淘汰。混亂的局面，直到取消考核才開始停止。

客觀說來，「強制分配法」與其他績效考評方法一樣，是一種績效考評和管理的工具，每一種管理工具，都有其優缺點。因此，如何發揮「強制分配法」的積極作用，最大限度地減少負面影響，就變得重要。

3.配對比較法

配對比較法(Paired Comparison Method)，又稱兩兩比較法，它要求把每個員工的工作績效與部門內所有其他員工進行一一比較，如果一個人和另外一個人比較的結果為優者，則記一個「＋」號，或者給他記一分，遜者則計為「－」或「0」，然後比較每個被考評者的得分，並排出次序。表 5-7-1 所示的是以創新性維度，對編號為 A、B、C、D、E 的五個人進行兩兩對比。

配對比較法要求管理將每個員工與其他所有的員工進行比較。用這種方法區分不同個體的工作績效，得到的評價等級更加準確。不過，配對比較的方法比較耗費時間，當一個部門內從事相同工作的員工數量較多時，配對比較法實際操作的工作量很大。如果被評估者總

數為 n，按照兩兩比較的規則，每一考評維度的對比次數就是 n(n－1)/2。例如，某部門有 10 個員工，該部門管理者要進行 45 次比較（10×9/2）。如果部門人數上升到 20，則管理者要進行 190 次比較（20×19/2）。

表 5-7-1　兩兩比較法舉例

	A	B	C	D	E
A		－	＋	＋	＋
B	＋		－	＋	－
C	－	＋		＋	＋
D	－	－	－		－
E	－	＋	－	＋	
對比結果	差	中	差	好	中

　　當績效評估的目的是區分不同員工績效的時候，使用個體間比較的績效評估方法是最適合的。比較法排除了評分過分寬鬆、過嚴和居中趨勢出現的可能性。如果管理者希望將績效評估結果與獎勵、加薪和晉升掛鉤，就會發現此類方法尤其有價值。一般來說，強制分配法評估結果用於績效獎勵和加薪決策，排序法評估結果用於獎勵特別優秀的員工或者晉升決策。最後，比較法容易設計和實施，所以通常被

管理者接受。

個體間比較的績效評估方法有不容忽視的局限性和缺點。

首先，工作性質不同，不能進行量的比較，個體間的比較通常在從事相同工作的員工之間進行。

其次，個體間比較的結果，只能提供籠統的績效信息，無法提供工作缺陷方面的明確信息，因此，員工不清楚他們必須採取怎樣的措施才能改進績效。管理者如果希望為幫助員工改進工作績效，就不得不透過其他管道獲取另外的信息。

第三，個體間比較的結果無法將個人工作目標與組織目標結合在一起。即使管理者對員工個人績效對於組織目標貢獻的程度進行評價，但這種評價是籠統的。

第四，使用比較法評估，管理者對員工績效評價主觀性強，評價的信度和效度受評價者本人影響大，有時導致比較大的分歧。

最後，員工可能更願意將自己的工作表現與工作要求標準相比較，而不是和其他人相比。特別是那些工作績效排在末位的員工，個體間比較的結果會讓他們感到難堪。

8 績效考評職責的劃分

考評職責的劃分，涉及考評主體和考核信息的採集人員。不同層級的人員其考評主體不同，信息採集者也不相同。

表 5-8-1　各級直線主管績效考評職責

考評主體	考評職責
高層主管	1. 與分管部門主管共同確定績效指標 　通過與部門主管溝通討論設定每個部門的績效指標
	2. 績效考核結果評價 　對分管部門的績效考核結果進行評價，評價出每個部門主管的優點和待改進之處
	3. 績效回饋與面談 　對分管部門及部門主管的績效評價結果，要進行回饋面談。通過與部門主管面談溝通，共同確定每個部門主管未來一個考評階段的工作改進、能力提高的具體計劃與措施
部門主管	1. 與下屬班組長共同確定績效指標 　通過與班組長溝通設定每個班組的績效指標
	2. 績效考核信息採集 　部門主管按照共同設定考核指標，依據績效完成時間和績效指標如實記錄各班組績效完成的結果情況
	3. 績效考核結果評價 　部門主管對下屬班組長的績效考核結果進行評價，評價出每個班組長的優點和待改進之處
	4. 績效回饋與面談 　對每個班組長的績效評價結果，要進行回饋面談。通過與班組長面談溝通，共同確定每個班組長未來一個考評階段的工作改進、能力提高的具體計劃與措施

續表

考評主體	考評職責
班組主管	1. 與下屬員工共同確定績效指標 　通過與員工溝通設定每個員工的績效指標
	2. 績效考核信息採集 　班組長按照共同設定考核指標，依據績效完成時間和績效指標如實記錄每個員工績效完成的結果情況
	3. 績效考核結果評價 　班組長對下屬員工的績效考核結果進行評價，評價出每個員工的優點和待改進之處
	4. 績效回饋與面談 　對每個員工的績效評價結果，要進行回饋面談。通過與員工面談溝通，共同確定每個員工未來一個考評階段的工作改進、能力提高的具體計劃與措施

第 六 章

績效考核的溝通管理

1 績效溝通的重要性

績效計劃的實施與管理是履行績效計劃、實現績效目標的過程，是連接績效計劃與績效考核的中間過程，其決定著績效計劃的落實和績效目標的實現，是績效管理的重要環節。績效計劃實施與管理的最終目的是保證績效計劃得到有效落實，績效目標得以實現。

績效溝通是指就績效計劃執行情況進行的溝通與交流。持續有效的績效溝通有利於保證考核對象績效行為不偏離方向，是績效計劃得以順利、正確執行的保證。

績效回饋面談是績效考評中至關重要的一個環節，其重要程度甚至超過了績效考評本身。績效考評的結果是拿來用的，不是拿來存檔的，而沒有回饋就根本談不上使用。沒有回饋的績效考評起不到任何作用。

沒有績效回饋，員工就無法知道自己工作是否得到了上級的認可，就會亂加猜測，疑神疑鬼，影響工作心情；沒有績效回饋，經理就無法知道績效考評是否真正起到了作用，對繼續進行考評沒有信心；沒有績效回饋，經理就不能有的放矢地指出員工的不足，更無法給員工提建設性的改進意見，最終將導致員工的進步受到限制，管理水準將無法得到有效的提高。

由於種種無法言明的原因，各級經理和主管們在績效回饋面前都選擇了迴避，對績效回饋避而不談，考評結束之後就將考評結果束之高閣，使績效考評淪為填表遊戲，成為形式主義的代名詞。

考核對象透過績效溝通，可以得到有關企業經營計劃執行隋況，考核主體對其績效計劃執行結果的回饋，組織可以提供的幫助和資源支持，以及可能遇到的困難等信息。透過這些，考核對象可以及時瞭解外部環境變化、自身績優表現和有待改進的方面，從而調整工作重心，提高工作效率。

1. 績效溝通的內容

從績效溝通的意義可以看出，在這個過程中，管理人員應重點關注績效計劃執行情況、應提供的信息和資源支援。考核對象則關注管理人員對自己績效表現的看法、可以獲得的信息和資源支援等。可以說，績效溝通是考核雙方的共同需要，其目的是對績效計劃執行相關問題形成一致認識，進而制定有效的措施，確保績效目標的實現。

績效溝通的主要內容有：

⑴績效計劃實施的進度，即績效目標的完成情況；

⑵績效計劃實施環境的變化；

⑶績效行為與績效目標的一致性；

⑷績優表現和績效不足；

⑸遇到的問題或可能遇到的困難；

⑹所需的和可以提供的資源與支援；

⑺績效計劃是否需要調整、變更等。

績效溝通的具體內容，雙方應根據實際需要有針對性地選擇，以有利於績效計劃的實施和績效目標的實現為原則。

2.績效溝通的方式

內容和形式是影響績效溝通有效性的兩個主要方面，採取何種溝通方式應根據企業的管理風格和實際需要，本著實用、便捷、有效的原則選擇。

a.書面報告。作為一種比較常用的正式溝通方式，是指考核對象使用文字或圖表等形式向管理人員報告績效計劃的進展情況。書面報告一般是定期的，但也可以根據管理需要，要求不定期地提交。如考核對象就某個項目中出現的問題和解決方案提出的專項工作報告。

b.定期面談。定期面談是指管理人員和考核對象在規定時間內，就其績效計劃的執行情況進行溝通交流；必要時管理人員要予以一定的引導和評論，最終目的是要就某一問題達成共識並制定解決方案。面談一般採用一對一的形式進行。

c.會議。書面報告不利於提供討論和解決措施，定期面談只局限於兩個人之間，效率偏低。因此，會議作為績效溝通的另一種形式就顯示出了一定優勢。除了提高溝通效率、提供考核對象溝通協調平台外，管理人員還可以傳遞有關企業經營環境的信息，消除誤解等。會議的溝通方式通常以部門為單位進行。

d.非正式溝通。在實際管理中，管理人員和考核對象不可能總是透過正式管道進行溝通；並且正式溝通容易讓考核對象緊張，不利於表達真實想法，而非正式溝通方式靈活，氣氛寬鬆，不受時間、形式

限制，有利於雙方表達真實想法。常見的非正式溝通有「工作間歇溝通」和「非正式會議」等形式。

2 績效信息收集

績效信息收集是指有組織地系統收集有關考核對象績效計劃執行情況。績效信息是績效溝通、績效輔導和績效考核的依據，績效信息收集是績效管理不可或缺的重要環節。

1. 績效信息收集的作用

績效信息收集的目的在於瞭解員工績效計劃的執行情況，為績效考核和績效改進提升提供事實依據。具體而言，績效信息收集的主要作用有：

(1)為績效考核提供事實依據

對績效計劃執行相關信息進行收集和記錄，可以使績效考核具有充足的客觀依據，確保考核結果客觀公平。同時，績效信息也為因考核結果產生爭議的解決提供了事實依據，從而有利於保證績效考核結果的公平性。另外，這些信息還可以用做晉升、薪酬調整、培訓考核等其他方面。

(2)為績效改進提供事實依據

績效管理的最終目的不僅僅是對考核對象的績效作出評價，而且還要有利於改善和提升考核對象的績效和工作能力。在對考核對象績效作出評價時，需要結合事實說明其績效不足。當有事實依據時，更有利於與考核對象達成關於績效不足和績效改進的共識。

⑶分析績效不足和績效優秀的原因

績效信息收集可以積累一些關於考核對象突出績效表現的關鍵事件，有利於發現產生優秀績效的原因，並以此為標杆，幫助其他考核對象改進和提升績效。或者分析績效不足的深層原因，從而制定有針對性的績效改進措施，從根本上解決績效不良問題。

2.績效信息收集的內容

績效信息收集並非所有的績效數據都要收集，也不是說收集的信息越多越好。因為信息收集需要投入大量的精力、人力和財力，若抓不住重點和有價值的信息，就會適得其反。通常來說，需要收集的績效信息主要包括：

⑴績效計劃完成情況；

⑵各方（包括內部工作關聯者、外部客戶等）對考核對象績效情況的回饋信息；

⑶反映績效優秀和績效不良的績效數據或關鍵事件記錄；

⑷反映績效優秀和績效不良原因的信息等。

3.績效信息收集的方法

績效信息可以來自考核對象自身的彙報和總結、同事的回饋與觀察、上級的檢查和記錄，以及下級的反映與評價。所以，企業所有人員都是績效信息的提供者。根據不同的信息來源，績效信息的收集方法包括觀察法、工作記錄法、他人回饋法等。

觀察法是指管理人員直接觀察考核對象的績效表現並將其記錄下來；工作記錄法是透過工作記錄的方式，將考核對象的工作表現和工作結果記錄下來；他人回饋法是指管理人員透過其他人員的彙報、回饋，瞭解考核對象的績效情況。單一的方法只能瞭解考核對象的部份績效情況，不能面面俱到，績效信息收集時通常需要綜合利用各種

方法。

4.開展績效考核的溝通

無論是從員工的角度，還是從管理者的角度，都需要在績效實施的過程中進行持續的溝通，因為每個人都需要從中獲得對自己有幫助的信息。

績效溝通的主要內容如下。

⑴工作的進展情況怎麼樣？

⑵員工和團隊是否在正確達成目標和績效標準的軌道上運行？

⑶那些方面的工作進行得好？那些方面遇到了困難或障礙？

⑷面對目前的情境，要對工作目標和達成目標的行動做出那些調整？

⑸如果有偏離方向的趨勢，應該採取什麼樣的行動扭轉這種局面？

⑹管理人員可以採取那些行動來支持員工？

5.績效回饋的面談

整個面談的過程中，也需要事先做好計劃。計劃的內容包括面談的過程大致包括那幾部份；要談那些內容，這些內容的先後順序如何安排；各個部份所花費的時間大致是怎樣的等。

6.績效考核結果

在考核過程中會有以下三種類型的結論。

(1)優秀的

面對越優秀的人才越要冷靜對待，跟他面談也好，做心理測評也好，本著對公司負責任的原則，一定要在他真正具備管理才能的時候才能提升他。

(2)考核得「滿意」者

考核得「滿意」者的人數應該佔考核總人數的一半，他們大都工作平平，一般都是可以透過考核的，那麼如何對待考核得「滿意」的員工呢？升職、加薪、表揚等都可以。當企業處於特別缺乏人才的情況時或者處於突飛猛進的情況下，在管理職位或技術專家方面缺少人才時，可以從這批考核為「滿意」的人中抽出幾個直接提升到經理、技術專家的職位，但要注意，將其提升後，要給他安排教練帶著，如讓老經理或者是讓有專長的技術人員帶著他，這可以叫「關照」。

(3)考核得「不滿意」者

這種情況的處理相對來說比較乾淨利索，可以採取降薪、扣獎金、降職、輪換到別的崗位上去、離職等幾種處理方法。

3 績效回饋面談的準備工作

針對每個員工的績效考評結果，結合員工的特點，事前要預料到員工可能會對那些內容有疑問，那些內容需要向員工做特別澄清說明。只有每項內容都準備充分了，才能更好地駕馭整個面談的局面，使之朝著積極的方向發展，而不是陷入尷尬的僵局或面紅耳赤的爭吵。因此事前要對以下內容進行準備：

1. 直接上級的準備

(1)準備好相關的考核資料

面談前應準備好的考核資料包括：

工作計劃書或目標責任書。員工在一定時期內應實現的目標或應

完成的工作，記錄在工作計劃書或目標責任書裏面，它是上下級經過協商達成的績效契約，也是評價員工績效水準的依據。因為，績效考核實際上是將員工的實際表現與當初制定的目標進行比較並做出定性和定量相結合的評價。

　　職位說明書。職位說明書作為人力資源管理最基礎和最重要的文件當然是績效面談的內容之一。員工的工作有可能在過程當中發生改變，可能增加一些當初制定績效目標時所未能預料的內容，也有可能一些目標因為某些原因沒能組織實施，那麼，這個時候，職位說明書作為重要補充將發揮重要作用。

　　績效考核表。考核表記載著考核者的評價結果，這一結果需要告知被考核者，被考核者要在考核表上簽字，以表明已經知道了考核成績。對於某些常規工作而言，可能在當初並不制定工作計劃書或目標責任書，考核表中的考核標準是評價其工作的唯一尺度。

　　員工的績效檔案或者叫平時考核記錄，是考核者在平時的管理活動中，在跟蹤員工績效目標時記錄的內容，這些記錄是考核者進行績效評價的重要輔助資料，是重要的證據。這個工作可能是一些管理者的薄弱環節，由於平時忙於事務，會無暇顧及收集這些資料，也有可能根本就忽視了這個環節。

⑵安排好面談計劃

　　面談方式可以是一對一的，也可以是一對多的。「一對一」常用於涉及私事或保密情況，「一對多」常用在有共同話題時。面談時間最好控制在 10～15 分鐘，若是季考核，每季一次，30 分鐘左右比較適宜；年度考核，30～60 分鐘比較適宜。地點應安排在安靜且不受干擾的地方。

2.員工自己的準備

面談是直接上級和員工兩個人共同完成的工作，只有雙方都做了充分的準備，面談才有可能成功。所以，在面談計劃下發的同時也要將面談的重要性告知員工，讓員工做好充分準備。員工要主動搜集與績效有關的資料，要實事求是，有明確的、具體的數據、記錄，以便於直接上級作出正確的判斷；同時，要認真填好自我評估表，內容要客觀真實，準確詳盡。

4 如何進行負面信息回饋

在績效回饋面談活動中，批評類的負面信息回饋往往是各級主管面談感到最棘手的一件事，負面信息回饋往往會引起職工懊喪不滿的情緒、不以為然的抵觸心理，甚至還會影響到他們的工作熱忱。

如何有效打破職工在績效回饋面談時的自我防衛心態，促使職工認真聽取績效回饋意見，虛心接受一時之間有些自感不適的負面信息。

1. 要及時回饋

績效評估回饋應快速及時，切勿等到問題已趨惡化，或者事情已經過去很久之後再作回饋，問題尚不嚴重時的善意提醒會讓人更加樂意接受；如果事情發生已久，或者事情長期被容忍，往往會使人產生習慣性的心理認可；而當在績效回饋時再對此提出批評則會產生「為什麼不早說」的反感與抵制心理。

2.對事不對人

績效評估回饋面談時應遵守對事不對人的基本原則，僅僅針對所發生的具體事例提出批評，切勿從不當工作行為中引申出個人素質方面的攻擊指責，如斥責員工「蠢笨」「無能」等。也許某些主管認為措辭嚴厲可以觸動職工，使之能認識到問題的嚴重性，但實際效果往往適得其反，此類做法除了引發受批評者反感與抵制心態外，並無其他更多的作用。

3.評估回饋應明確具體，言之有據

績效回饋面談時切勿含糊籠統。

4.回饋信息應定向於可以獲得改進的個人可控行為

員工的有些行為缺點是個人短期內所無法調控的，如個人智慧的不足，反應不夠靈活，對這類問題的提出是不可能收到多大改進效果的。只有針對面談對象所能自我掌控的行為提出改進意見，才有可能收到較好的效果。

5.允許員工申訴提出對評估回饋的不同意見看法與異議

當員工對所提出的績效評估意見不滿意時，應允許他們提出反對意見，絕不能強迫他們接受其所不願接受的評估結論，績效回饋面談活動也應該是對有關情況進一步深入瞭解的機會。如果員工的解釋是合理可信的，應靈活地對有關評價作出調整修正；如果員工的解釋是不能令人信服滿意的，應進一步向員工作出必要的說明，透過良好的溝通交流與員工達成一定的共識。

6.同時提出對員工的支持幫助計劃

績效評估回饋的目的並非是要對員工作「蓋棺定論」，而是為了能夠更好地改進員工的工作。為此，在績效回饋面談時，不能簡單地把問題提出了事，然後一切就讓員工「自己看著辦」或者「好自為之」，

而應該與其共同分析造成工作失誤的原因。透過分清責任、一如既往的信任態度等減輕員工的心理壓力，以真誠的態度商議提出改進工作的意見與建議，並在工作活動各個方面為員工提供支持與幫助。

5 績效考核減少誤差的措施

由於在考評系統和實施過程中各種因素的影響而產生的誤差，使得信度和效度再高的考評系統也難免大打折扣，因此，要採取有效措施減小誤差，使考評有效性最大化，順利達到預定目標。可採取的減小誤差的措施如下：

1. 強調績效回饋面談的重要

績效考評中的回饋面談是非常關鍵的環節，它可以增強與員工的溝通效果。績效回饋面談，在大多數企業裏都不被採用，其實，績效回饋面談不僅能讓管理者和員工之間就工作表現達成共識，也提供了建立彼此感情和默契的大好機會。面談前的上級與員工的事前準備是不可缺少的，而面談時掌握原則與技巧則可以成功達到目標。

2. 克服對績效考評的「先天性心理障礙」

這種「先天性心理障礙」可能是因為不恰當使用的經驗，使企業的管理者對績效考評的功能存疑，也可能是因為對實施績效考評的一些前提認識不清所致。要消除這些負面後遺症，就應針對考評的動機和目的、效益與風險重新予以疏理，甚至有關實施績效考評的一些先天限制也要提出來，避免錯誤與不當期望，能夠有正確的心理準備，執行的失敗率勢必大為降低。一個有效的方法就是對考評者和被考評

者都進行必要的培訓。

3.透過績效標準來強化員工工作界定

許多績效考評之所以未能實現，其原因之一即在於未能確定績效標準的正確定義，以及未能明確績效標準的特徵。例如，考評者的觀察重點應放在被考評者的工作上，而不要太過注重其他方面；在考評表上不要使用概念界定不清的措辭，以防不同的考評者對這些用詞有不同的理解。考評目標要具體明確，絕不含糊，應當將其分解為一個個可以度量的指標。例如，對銷售人員進行考核時，考核「銷售成果」顯然不如考核新市場佔有率、銷售成本率、資金回籠率等具體指標更有效。標準建立的「恰當」與「實際」，對強化員工工作界定將大有裨益，否則績效考評效果註定要大打折扣。

4.設定績效考評適用且可行的實施流程

適當的實施程序，是為了對工作中的每一方面進行評價，而不是只做籠統評價。整個考評過程應包括收集情報、比較考評結果與所設定的標準。一個考評者不要一次考評太多員工，以避免考評前鬆後緊或前緊後鬆，有失公允。此外，更重要的是員工要能接受考評結果並認為是公平的，並因而能進一步制定一套改進計劃。

5.請員工進行自我考評

進行自我考評的目的是為了儘量減少與上級的摩擦。在以明確的工作說明書為基礎進行績效考評的組織中，員工的績效目標與績效標準的達成，均應以「員工參與」為前提。到績效考評時，員工如能根據原先參與設定的績效標準自我考評，就能更客觀與體諒地接受考評的結果，減少管理者的壓力。

第 七 章

找出企業績效不佳的原因

1 成功績效管理體系的前提條件

一、高層領導的親自參與

　　績效管理是涉及公司各個方面的系統工程：既涉及公司的戰略管理，又涉及公司的日常運營；既關係到業務發展，也關係到人力資源開發；既涉及資源配置，也涉及生產、行銷、財務、經營。

　　它是一項覆蓋企業全體員工的工程，上至總經理，下到普通員工，不應當在任何一個環節出現空白。

　　在推行績效管理的初期階段，對績效管理的抵制是普遍的，缺乏考評的日子，對於員工而言也許是幸福的。很多公司推行績效管理的工作半途而廢，因為往往在進入探討目標階段之時，員工就開始議論紛紛並進而消極抵抗了，於是很多公司就此甘休了。除非我們堅決地

推行它並且把員工的利益與績效考評的結果掛鉤，企業才能最終形成追求高業績的文化。績效管理進入考評階段後往往遭到直線經理的抵觸，因為他們不願意面對面地評價員工的表現，他們害怕對員工的評價導致衝突。

企業的高層人員親自參與，才有可能把公司的戰略目標逐級分解下去，同時將績效管理的理念和方法滲透到企業的各個角落，推動直線經理和員工參與到績效管理中來。我們所見到的推行績效管理成功的企業，幾乎無一不顯示著高層對績效管理的重視和親自參與。如果缺乏高層的支持和參與，可以想像，憑藉人力資源部門或者財務部門的一己之力，往往是半途而廢，甚至是飛蛾撲火，葬送了當事人在企業中的前途。

二、管理層的重視與推動

領導者的重視與推動，對於績效考核制度執行的極端重要性。試想，如果沒有公司經營副總經理高執行力的強力推行，新績效考核制度還能推行多久？實際上，另外一個供電企業在推行類似的績效考核制度時，正是由於中層管理者的質疑和反對，最後公司領導迫於壓力，本著多一事不如少一事的心態，廢止了新績效考核制度。而案例中的發電企業，經過了五次討論和修正，半年以後，新的績效考核制度步入了正常的運行軌道。

三、有明確可運行的戰略目標

績效管理是一種企業執行力體系，是貫徹企業戰略目標的重要管

理手段。績效管理是圍繞績效目標來運行的，沒有績效目標就無從談論績效管理。然而，經常有一些企業推行績效管理是就事論事，僅僅對員工應負的職責進行管理，不能最終形成企業的合力，於是就有可能產生大家的績效結果都很好，但是卻看不到企業進步的結果。

所以，一個企業能否成功地進行績效管理，前提之一是要有明確的、可運行的戰略目標，企業戰略與績效管理的關係。制定戰略的目的在於回答企業在不斷變化的外部環境下在什麼產業領域（石油、糧食、電腦等），什麼市場（國際、國內、東部、西部），用什麼產品（具體的產品，如原油、花生油、內衣），憑藉什麼優勢（如技術領先、成本領先、資源控制）去贏得那個客戶群體（如高端客戶、低端客戶的區分），從而維繫或者發展企業的問題。

圖 7-1-1　戰略與績效管理的關係

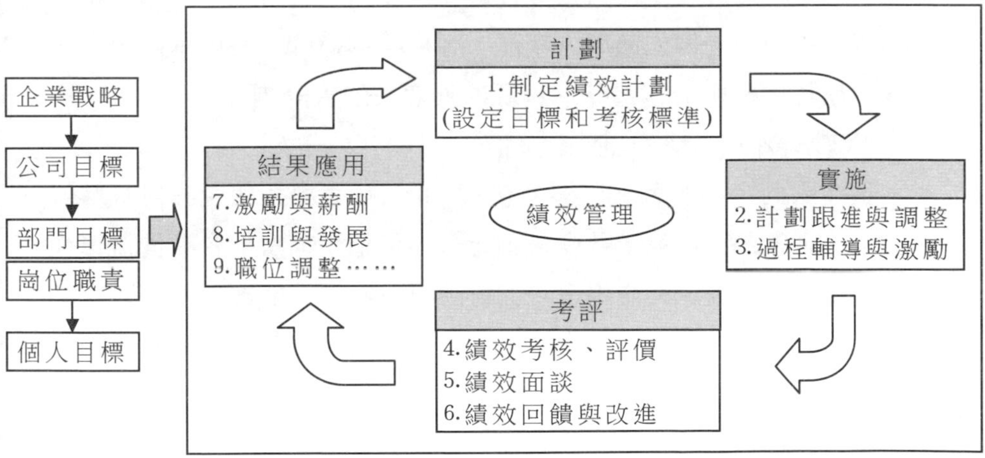

企業在很長時間內憑藉單一領域的產品，在單一市場賺取單一客戶群體的利潤，而這種模式一旦脫離了經濟環境就很難長期生存。例如曾經風靡一時的自行車行業、摩托車行業、電腦行業、彩電行業的

企業，到現在能夠繼續興旺發達的很少。而諸如 IBM、Nokia 這些長壽企業都是不斷應對外部環境的變化和挑戰，不斷調整自己的產業領域、市場、產品等來適應社會需求、贏得生存空間，從而成為長壽企業的。

企業認識到上述問題的存在，但是對於戰略的理解仍然存在不足的方面。主要的問題是：

1.戰略模糊，缺乏可操作性，無法形成可運營的績效目標

例如某公司的戰略目標是「強本固基，同業兼併，縱向延伸，跨業拓展」，還有的公司的戰略目標是「建成跨行業、跨地區、跨所有制、跨國經營和產業多元化、經營國際化、管理現代化、企業集團化的新型現代企業集團」。這樣的戰略目標過於模糊，不如說是方針、策略，難以形成可以操作的年度性經營計劃。一個可以操作的戰略必須回答上述問題，例如領域、產品、客戶等的選擇，在此基礎上形成年度的經營目標與措施選擇、資源的獲取與配置計劃等。

2.戰略目標脫離企業價值

很多國內企業的戰略目標「立意」過高，脫離了對企業自身價值的追求，而是一味地追求社會價值、公益價值；或者把企業價值單純地理解為銷售規模、利潤規模。上述兩種取向都不能客觀地反映企業的價值，由此造成績效管理發生方向性的錯誤。績效管理驅動我們正確地做事，但是戰略目標驅動我們做正確的事，沒有正確的戰略目標，我們會離企業創造價值的道路越來越遙遠。

3.戰略目標沒有透過有效的績效體系分解

戰略目標沒有透過有效的績效體系分解到每個員工身上，而是停留在口頭上和紙面上，不能真正實現戰略目標的全員管理。

四、明確的責任主體

要有明確的責任主體，包括人力資源部、各部門直線主管、員工等。

1. 人力資源部門

很多企業的人力資源管理部門勇敢地承擔起績效管理的責任，他們確定績效考評的內容，設計並且發放績效考評的表格，進行匯總統計，絞盡腦汁地想讓薪酬與績效考評的結果更好地掛鉤。但是他們往往是辛勤無比，卻收效不佳，甚至獲得了很多抱怨。通常的抱怨是他們設計的表格不能滿足業務部門的需要，考評的內容不能刺激員工業績的提升，還增加了主管的工作量。出現這種抱怨的真正原因就在於：人力資源部門不是績效管理的主體，他們對業務的理解遠遠不如直線主管，他們對員工工作行為和結果的瞭解也遠遠不如直線主管，要他們承擔考評的責任，這是不現實的。

人力資源部門的責任是政策制定、技術支持、督促實施、公平監督。他們是績效管理運動的推進者之一，負責制定有關績效管理的制度、績效與薪酬對應的政策，為各級主管提供績效管理技術和技巧的培訓，根據公司每年的戰略要點調整績效管理的主要內容，以及協助各部門設計適合本部門的目標體系，為各級員工提供績效管理目標的範本，及時解答主管人員在績效管理中的困惑，接受被考評人員的投訴等。

2. 部門經理的責任

事實上，績效管理的真正責任主體是直線經理們，上至董事長、總經理，下至班組長、主管。他們在績效管理中逐級扮演著下屬的指

導者、考評者、回饋者、輔導者、激勵者的角色。績效目標是沿著直線分解下去的，績效輔導也是沿著這種直線關係一級一級地往下進行的。直線經理們承擔著績效管理的責任——與下屬討論績效目標、標準，經常進行檢查，掌握下屬的工作業績，對下屬進行回饋和輔導，評定下屬的績效結果，給予獎勵和懲罰。當然，高層經理的作用不僅限於此，如上所述，他們要親自推動整個企業的績效管理運動。

也有的企業為了保證績效管理的公正性，指定主管的上級主管和他一起進行下屬的績效管理，對有關結果予以覆核確認。

3.員工的責任

在績效管理中，員工的責任是目標設定、主動報告、自我評估。預先編制自己的績效目標和評價標準，主動向上級彙報、溝通，以求取得一致；經常就自己的工作積極向主管回饋進度，獲取主管的支援和輔導；最後還要進行自我評價，向主管提供自己有關工作的結果和證據。

對總經理進行績效管理的是董事會，或者受權代表董事會的董事長。董事會向總經理下達績效目標並且定期聽取彙報，最終評定其績效結果。

五、建立一致的責權利結構

績效管理體系的成功建立在一致的責任、權力、利益結構上，即企業對於每一個職位上的員工都應當透過工作分析，界定其工作職責，明確每個員工的工作範圍、可以採取措施的權力、對自己採取措施所承擔的利益和責任。工作分析甚至可以解決績效管理的主要內容是什麼的問題。

　　績效管理是一種授權管理，它的前提是員工清楚自己的職責範圍，能夠在規定的範圍內對自己的工作採取的措施進行控制，發揮其主觀能動性影響工作產出。如果員工沒有對相應的事項進行控制、施加影響的權力，他就不應當對相應的績效承擔責任。財務預算上對可控費用、不可控費用的區分很好地說明了這個問題，員工只能對可控費用付出努力，而不可控費用員工是無法去採取措施予以影響的。所以，績效管理在財務方面的重點目標就是可控費用，而不是不可控費用。

　　不同的職責、職權範圍決定了不同的績效管理內容。企業首先必須梳理內部的流程，明確各級主管各自的職責權限，以便弄清楚各職位上員工所需要和可能負責的績效目標。事實上，總經理也不能對企業的全部績效目標負責，他只能對董事會批准的職責範圍內的事項進行負責。

　　每個員工都應當擁有自己的職位說明書，說明承擔什麼樣的工作職責，實現什麼樣的目標，擁有那些工作權力，這樣才能明晰他的責任範圍和目標。企業中常見的問題是責權利區分不清楚，同一項工作有多個層次的員工為其負責，結果造成大家都不負責。副職過多是企業的一個弊端，這些副職往往不是實際利潤中心或成本中心的負責人，而是某幾個利潤中心的協調入，各個利潤中心又有自己的負責人，這樣就造成了績效主體的重疊，容易導致績效管理中的責任衝突。

　　此外只規定職責，不界定目標也是很大的缺陷，導致員工失去努力工作的動力和界限。

　　責權利一致的另一方面表現為應當建立與績效結果相對應的責任體系。要圍繞績效管理建立職責、權利與承擔的責任後果一致的管理體系，維護這種體系的嚴肅性，使員工在擁有履行職責的權力的同

時承擔履行職責的後果，即權責分明、獎罰嚴肅。如果沒有這種責任體系，績效管理就缺乏控制和約束力，失去了它應有的權威性，使之由具有「業績合約」性質的「法治」措施淪為人治的工具，從而失去在企業執行力體系中的核心地位與作用。

六、信息透明度

績效管理能否真正發揮企業運營的預警作用，能否真正發揮企業人事決策基礎的作用，或者績效管理本身能否在企業中長久地存在下去，有賴於解決企業中的信息不對稱問題，建立透明的信息體系。信息透明度的含義是主管在需要的時候能夠獲得真實的、所需要的信息，而不是獲得虛假的、雜亂無章的信息，陷入信息的海洋，失去管理的有效性。

建立信息透明度包括兩個方面：一是可以獲得真實的信息；二是可以獲得需要的信息，一般而言就是使信息內容格式化或標準化。

建立信息透明度的方式主要包括：

⑴建立財務一體化管理體系，包括財務人員垂直管理、會計標準和語言統一等，使財務人員獨立於直線經理，更多地由總部進行管理，確保財務人員可以不按照直線經理的要求提供虛假的信息，而是按照總部的要求提供真實的信息。財務人員的垂直管理為很多世界500強企業所採用，企業也越來越多地採用這種制度，並且得到了廣泛的認可。透過財務人員的垂直管理，也更加有利於建立統一的會計標準和語言，這樣使數據的標準化成為可能。

⑵建立規範的報表系統，使下屬能夠按照所要求的項目提供信息，從而過濾掉大量的無效信息。一般這種報表系統是建立在關鍵績

效指標體系基礎上的。透過這種規範的報表系統，主管們獲得必需的信息，並透過對這些信息的閱讀來判斷下屬的業績情況。主管們透過把這些數據與預算進行比較，判斷下屬的業績是否處於正常的區間範圍內，確定是否需要採取輔導措施。

(3)依據信息化手段，建立 ERP 系統，實現管理信息的即時提取。ERP 系統是已經被廣泛採用的管理信息系統，它為我們有效地進行績效管理提供了更加便利的條件。為了適應績效管理的需要，我們必須對現有的信息化系統進行必要的變革。

建立信息透明度的根本措施在於建立誠信的企業文化，必要時要對違背誠信原則的員工進行嚴厲的懲罰以保證信息的真實性。

七、由易到難，分步實施

職能部門的考核向來是績效考核中的難點。所以，在很多企業，在職能部門推行績效考核，往往是從計劃管理開始的，華為也不例外。從對人力資源部門的考核計劃來看，考核指標是「滿足公司某研發部門新產品研發人手不足的需求」，「完成人力資源管理工作」，「完成對某銷售部門新進員工的入職培訓」，等等。在其他很多企業，對於人力資源部的考核也往往是這樣表述在考核計劃表中的。這樣表述考核目標，是一個不錯的起點。但是，如果沒有對考核目標作深入的分析，挖掘出背後的數量化，或者品質化的標準來，那麼這些考核指標可能就會模糊不清，造成「職能人員的上升空間和年終獎勵好像更多的是依照上司的心情而定」。

但是職能人員的工作真的都不易衡量嗎？其實也不盡然。就以人力資源部考核指標的第一條來說吧，「滿足公司某研發部門新產品研

發人手不足的需求」。為了協助公司新業務的發展，人力資源部必須提供人員數量、品質支援，對 HR 考核的是招聘率的對應，人員是否按時到位？新聘員工素質是否符合業務需求？新聘員工會否在短時間內離職？這些細化和分解就成為考核人力資源部的關鍵業績指標。在最初的考核表中，對應人員招聘這一條，考核標準是「是否招到人」和「招到幾個人」，而隨著一步步的細化，考核條目變成了「招聘成功率」及「新聘員工的離職率」。

知易行難是績效考核推行難的要害，最先進的理念與方法都要透過實踐的檢驗。量化考核在實踐中備受管理者推崇。然而，我們也看到許多推行量化考核失敗的案例。華為的經驗很值得借鑑，因為它透過由易到難的一步步量化，實現了考核由定性向定量的轉變。

2 績效考核體系的常見問題

商業競爭日趨激烈，企業面臨著嚴峻而持久的生存壓力，在這種條件下，企業越來越認識到應透過改善管理來應對挑戰。

管理中的核心問題是對人的管理，這就使人力資源管理在現代管理者心中的地位更加重要，而績效考核又是人力資源管理中的一個核心問題。

不少企業建立了績效考核制度，但很多企業為考核而考核，考核形同虛設，流於形式。如何對員工的績效進行有效的考核，是企業管理者所面臨的一個重要問題。績效考核的常見問題如下：

1. 時間不夠

主管人員和員工會認為工作已經很忙了，績效管理無疑是額外增加的負擔。這時必須說服主管人員，他們不應該忽略自己的管理職責：管理人員的責任就是了解、輔導、評價、激勵下屬的工作，如果下屬的工作沒有完成，他也就沒有完成目標。下屬也有權力瞭解主管對他的工作期望和要求，願意瞭解主管對他的看法和評價。主管人員之所以忙碌，很多時候因為他們不能正確地領導下屬工作，而是越俎代庖，對下屬不滿意的工作就自己親自完成，造成自己很忙，而下屬因為沒有正確的方向在瞎忙，如此惡性循環，只能使主管人員陷入無力自拔的怪圈。

2. 廻避矛盾

員工可能會認為績效評價就是找毛病，對於考評出的問題會很敏感。主管人員則傾向於廻避矛盾，對於考評暴露出來的問題十分頭疼，他們寧可自欺欺人、掩蓋問題，使大家一團和氣。在考評時或者「個個都是好員工」，給予每個員工都很高的評價，或者雖然堅持客觀評價，但是評價完畢後把結果隱藏起來，不與員工溝通。這樣做的後果是，當企業因為績效原因要解僱某個員工時就會陷入被動——員工會要求提供解僱的理由：既然業績一貫優秀，為什麼要解僱我？或者員工會提出：沒有人將我的考評結果通知過我，這不符合要求。有的主管不願意讓員工在績效考評報告上簽字，致使績效報告不能生效，導致企業在爭議中處於不利地位。

3. 忽略管理過程

認為績效管理就是績效考評，忽視中間的管理過程，到了績效考評時應付應付就過去了。這種問題需要經過長期的、反覆的灌輸和輔導才會得到改善。

4.忽略書面正式考評

很多中小企業的主管認為員工人數很少，他們的工作表現自己「心中有數」，不需要進行嚴格的書面考評。首先，這種說法忽視了績效考評的契約化特徵，仍然堅持主管人員評價的神秘化色彩，不符合現代企業管理的要求。其次，績效管理講究持續不斷地進行考評，持續不斷地改進業績，如果沒有正式的考評和書面記錄，一年後主管就會忘記員工的原來的業績情況，忽略員工的進步。

5.困惑於無法量化的目標

主管和員工會困惑於無法量化的目標，他們害怕因為雙方對實現目標標準的理解不一致而造成衝突，特別是涉及價值觀與態度一類的指標時，尤其如此。企業必須明確，員工一級對一級負責，公司賦予了主管對員工評價的權力，主管對員工不滿意，員工可以提出異議，但是沒有事實做支撐時，公司將尊重主管的評價標準。

6.缺乏進行績效管理的前提條件

推行績效管理體系的前提條件，包括主管層的重視和參與；戰略目標的確立；明確的責任主體；責權利體系的建立；信息透明度等，一旦缺乏這些前提條件，會導致績效管理推行失敗。

7.缺乏培訓

對管理者和員工缺乏必要和充分的培訓，會導致雙方或一方對績效管理的意義、績效考評方法、考評標準等缺乏溝通和正確理解。因為培訓不充分的話，就不能有效化解主管和員工對績效管理的抵制，不能使其有效運行績效管理程序，不能正確處理績效管理中表露出來的矛盾，最後導致對績效管理產生厭煩的情緒。

8.考核設計方法過於複雜

設計的方法過於複雜，考評成本太高，導致各級管理者無法堅持

下去。簡單有效與複雜完美之間常常會存在矛盾，專業人員總是力圖使所有的員工都滿意，使所有的程序都無懈可擊，這是專業人員追求專業性的理想所導致的。作為企業管理者，必須在簡單有效與複雜完美之間進行權衡，不能為了一個不是很重要的指標花費很高的成本進行衡量——有時這種花費超過了這項工作本身的收益，導致評價工作過於複雜。

　　績效管理體系在具體企業的實施是一項系統工程，需要經過從試點到全面推行的循序漸進的過程。

　　實施績效管理體系的前提條件是必需的，如果沒有這些前提條件的存在，績效管理體系註定要失敗。充分的培訓工作和合適的考評成本也是保證績效管理體系成功的重要因素。

9.員工對績效考核認識不深刻

　　雖然很多企業已經制定和實施了完備的績效考核制度，很多員工都認為績效考核只是管理者每年必須走的一種形式，很少有人真正對績效考核結果進行認真客觀的分析，沒有真正利用績效考核過程和考核結果來幫助員工在績效、行為、能力、責任等多方面得到切實提高。

　　管理者對績效考核一個普遍的誤解，是認為績效考核的目的是抓住那些績效低下的員工，甚至把他們淘汰掉。

　　作為被考核者，他們往往覺得自己是被監視、被責備的對象，往往覺得不受尊重，沒有安全感，所以容易出現消極作用，防禦心理比較強。除此之外，績效考核需要花大量的時間來制定績效標準，這樣也造成管理者和員工的抱怨及抵觸情緒。

10.績效考核體系缺乏有效性

　　考核目的不明確，有時甚至是為了考核而考核，企業考核方和被考核方都未能清楚地瞭解績效考核只是一種管理手段，並非是管理的

目的。同時，績效考核體系的非科學性還表現為考核原則的混亂和自相矛盾，在考核內容、項目設定以及權重設置等方面表現出無相關性，隨意性突出，常常僅體現民官意志和個人好惡，且績效考核體系缺乏嚴肅性，任意更改，難以保證政策上的連續一致性。

指標的設計過於簡單，考核往往主要對工作品質、數量和合作態度進行考核。影響員工績效的因素其實是多方面的，既包括員工個人的技能和態度，也包括勞動場所的佈局、設備與原料的供應以及任務的性質等客觀因素。所以除了對工作品質和產量進行評估外，還應對工作態度、能耗、出勤及團隊合作等方面進行綜合考慮，逐一評估，儘管各維度的權重可能不同。

一些企業在績效考核的過程中標準的設計不合理甚至沒有標準，沒有績效考核標準就無法得到客觀的考核結果，而只能得出一種主觀印象或感覺。

績效考核標準沒有建立在對工作進行分析的基礎之上，因此績效考核標準與實際工作的關聯性無從考證。

績效考核標準可操作性差或主觀性太強。考核者可以隨意給個分數或者考核結果，有時難免滲透一些個人的感情因素在裏面，這樣的標準所得的考核結果就失去了意義。

採用單一的、省時省力的綜合標準。這樣的標準，不僅模糊性大而且執行偏差也大。並且，綜合標準有千篇一律的傾向——不論是領導人才或是管理人員、基層員工，往往都用一個標準去考核，沒有顧及人才有能力級別差異的客觀現實。

11.沒有設立可行的績效考核目標和評分標準

在實際績效考核工作中，有時企業制定的考核目標過高，考核指標、評分標準模糊或過於抽象，考評人員打分很困難，而被考核人員

則認為打分不公平，這極大挫傷了員工的工作積極性。因此，考核目標的確立要和實際情況相符，考核指標的確立應具有科學性和可行性。考核指標應在考核目標確定後，在被考核者與直接上級充分研討協商的基礎上根據直接上級的同期績效目標加以確定，直接上級與被考核者要以書面形式簽訂階段性績效管理協定，明確績效管理的目標、實施計劃、授權方案、資源支持方案以及績效考核指標等內容。

　　確定考核指標要盡可能準確，並且多用量化的客觀標準，以減少考核人員主觀因素的干擾。確定績效目標、指標和標準的具體措施有：可以透過調查問卷、訪談等方式與基層員工共同討論制定，雙方達成共識，這種參與決策可制定出兼顧雙方利益的考核方案，以獲得「民心」，提高員工對目標的接受程度和對績效體系的理解、支持，消除對考核的抵觸情緒。

12. 績效考核的考核者選擇信息面太窄

　　只有唯一的考核者即員工的直接上級。由於單個人不可能完全得知考核對象的全部信息，在信息不對稱的情況下，單個考核者很難得出客觀可靠的結果。

　　在績效考核的實踐中，往往是上級對下屬進行審查或考核，考核者作為員工的直接上司，其和員工的私人友情或衝突、個人的偏見或喜好等非客觀因素，將在很大程度上影響績效考核的結果，考核者的一家之言有時候由於相關信息的欠缺而難以給出令人信服的考核意見，甚至會引發上下級的關係緊張。

　　實行單一由直接領導人考評的前提是考評人對下屬從事的工作有全面的瞭解，既能從下屬的高績效中獲益，也會由於下屬的低劣績效而受損，因此願意對下屬作出精確的評價。但如果不滿足這些條件，同時考評者又對下屬存有偏見時，很容易造成評價不客觀，感情

用事，失去評估的公平性。要想科學全面地評價一位員工，有時需要多視角觀察和判斷。考核者一般應該包括考核者的上級、同事、下屬、被考核者本人以及客戶等，實施綜合考核，從而得出相對客觀、全面的精確考核意見。

13.考核者態度的極端化

考核者在進行績效考核時，特別是對被考核者進行主觀性評價時，由於考核標準的不穩定等因素，考核者很容易自覺不自覺地出現兩種不良傾向：過分寬容或過分嚴厲。有的考核者奉行「和事佬」原則，對員工的績效考核結果進行集中處理，使得績效考核結果大同小異，難以真正識別出員工在業績、行為和能力等方面的差異。另一種傾向就是過分追究員工的失誤和不足，對過分放大員工在能力、行為和態度上的不足，簡單粗暴地訓斥、懲罰和威脅績效考核不佳者，使得員工人人自危。

14.考評中缺乏溝通環節

績效評估不是單線的信息通報或者形式化的結果傳遞，它是主管與員工之間進行相互溝通、協調行為的企業組織行為，是建立企業與員工之間合作夥伴關係的橋樑之一。企業開展績效評估的戰略目標之一，就是借此使企業內部的管理溝通制度化和程序化。可以說，全體成員在績效評估時都扮演著重要角色。但是，有些企業在考核前並不與員工進行溝通，告知組織成員這種績效考核的目的和宗旨、它與組織的發展戰略以及員工個人的職業發展之間的聯繫、它的具體操作方式及程序等，結果引起管理者和員工對考核方法的誤解。難怪許多人力資源管理專家說，很多的績效問題是沒有開展績效溝通。而許多企業卻往往忽視這一點。

15. 考核結果無回饋

這是比較普遍的一種現象。一方面是考核者主觀上和客觀上不願將考核結果及其對考核結果的解釋回饋給被考核者，考核行為成為一種暗箱操作，被考核者無從知道考核者對自己那些方面感到滿意，那些方面需要改進。出現這種情況往往使考核者擔心回饋會引起下屬的不滿，在將來的工作中採取不合作或敵對的工作態度；也有可能是績效考核結果本身無令人信服的事實依託，僅憑個人意志得出結論，如進行回饋勢必引起很大爭議。

另一方面是考核者無意識或無能力將考核結果回饋給被考核者，出現這種情況往往是由於考核者本人未能真正瞭解人力資源績效考核的意義與目的，加上缺乏良好的溝通能力和民主的企業文化，使得考核者沒有駕馭回饋績效考核結果的能力和勇氣。

企業在實施績效考核中，透過各種資料、相關信息的收集、分析、判斷和評價等流程，會產生各種中間考核資源和最終考核信息資源，這些信息資源本可以充分運用到人事決策、員工的職業發展、培訓、薪酬管理以及人事研究等多項工作中去，但目前很多企業對績效考核信息資源的利用出現兩種極端。一種是根本不用，造成寶貴的績效信息資源的很大浪費；另一種則是管理人員濫用考核資源，憑藉考核結果對員工實施嚴厲懲罰，以績效考核信息威懾員工，而不是利用考核信息資源來激勵、引導、幫助和鼓勵員工改進績效、端正態度、提高能力。

16. 沒有認真執行績效考核之後的面談

傳統績效考核注重懲罰、關注過去，現代績效考核應注重改善、關注未來。企業的傳統做法或是在考核結束後，執行「機械式」的獎懲、提薪或升遷；或是轟轟烈烈地考核，悄無聲息地結束，考核純粹

成了走過場。考核面談是考核結果回饋和營造考核氣氛十分重要的方式，但在中國企業績效考核過程中，卻往往忽視了考核面談這一環節。

17.沒有建立考核申訴制度

在當前許多企業中，單個員工的工作業績如何、表現好壞、能否得到晉升，往往是由上級部門直接說了算，員工能為自己說話的機會很少。當員工本人或週圍的人在績效考核過程中遭到「不公正待遇」並且申訴未果的時候，會導致員工對考核者尤其是對人力資源部門信任的喪失，進而導致員工對績效考核的整體信任危機。所以，對員工申訴的處理是否及時、公正，在很大程度上影響著績效考核在員工心目中的公正性。

因此，建立考核申訴制度尤為重要，而且必須要落到實處，讓員工能為自己說話、敢為自己說話。透過考核申訴制度的建立和執行，不僅能有效地推動組織的民主建設，還能檢驗組織管理制度的合理程度以及執行程度。

3 執行績效考核出現的問題

　　隨著社會的發展和市場競爭的加劇，越來越多的企業逐漸認識到現代人力資源管理的重要性。績效管理作為人力資源管理的重要一環，其重要性是不言而喻的。但是，據筆者多年的觀察，企業在實行績效管理的過程中，普遍存在著以下一些問題。

(1)沒有重視工作分析

　　工作分析在許多企業還未受到普遍的重視，導致一些崗位職責模糊。一是由於崗位工作目標和職責沒有確定，失去了評價工作品質和數量的依據，難以進行科學考評；二是各崗位忙閑不均，存在著同一職級不同崗位之間工作量大小、難易程度差別較大。結果，在表現差不多、工作任務也都已完成的情況下，往往工作量大、工作難度高的崗位上的員工無法被評為優秀。工作分析本應是人力資源管理活動中首要的環節，但很多企業還沒有做好，在沒有明確的工作分析的情況下，績效考核標準很難科學地設計，考核結果就不能起到應有的作用。

(2)績效考核標準設計不科學

　　大多數企業的績效考核標準設計不科學。表現為標準欠缺、標準與工作相關性不強、操作性差或主觀性太強、過於單一和標準沒有量化等形式。

　　一些企業在績效考核的過程中，考核標準設計不合理甚至沒有標準，無法得到客觀的考核結果，只能得出一種主觀印象或感覺。

　　以不相關的標準來對被考核者進行考評極易導致不全面、不客觀、不公正的判斷。工作績效評價標準應當建立在對工作進行分析的

基礎之上，只有這樣才能確保績效評價是與實際工作密切相關的。

(3)工作績效評價標準可操作性差或主觀性太強。

工作標準中只有一些文字性評語，沒有一個可以客觀評分的尺規，從而評價者可以隨意給出分數或者考核結果，有時難以避免摻雜個人感情因素。這樣的標準所得的考核結果就失去了意義。

(4)績效考核的評價者選擇失誤、信息面太窄

對績效考核的評價者選擇失誤分為兩種類型，第一類是只有惟一的評價者即員工的頂頭上司。由於單個人不可能完全得知被考核對象的信息，在信息不對稱的情況下，單個考核者很難得出客觀可靠的結論。第二類是有多個評價者但分工不清。

對於員工的考核，企業的每層上級都有權修改員工的考評評語，各層領導由於所處的角度不同，所掌握的信息不同，可能會產生意見分歧，這樣容易產生多頭考評的弊端，最終以最高領導人的評定為準。一方面，被考評者的直接上級感到自己沒有實權而喪失了責任感；另一方面，員工也會認為直接上級沒有權威而不服從領導，走「上層路線」，從而使企業的正常指揮秩序遭到破壞。

(5)績效考核沒有回饋，結果沒有恰當利用。

原有的績效考核主觀色彩極濃，缺乏可以隨時公開的客觀資料，或者由於主管不願與員工面對面地檢討，往往是將考評表格填完之後就直接送到人事部門歸檔。這樣，員工不知道自己業績的好壞，不僅容易滋生「幹多幹少一個樣」的思想，也無從改進績效。

企業在實施績效考核中，透過各種相關資料、信息、分析、判斷和評價等流程，會產生各種中間考核資源和最終考核結果，這些信息應當充分運用到人力資源管理決策、員工職業規劃、培訓、薪酬管理以及人力資源管理研究等多項工作中去。

4 績效管理存在的主要問題

一、沒有區分部門和部門負責人的考核

　　設計績效考核體系首先要確定績效被考核者。績效被考核者可以是團隊，也可以是個人。對一個公司整體考核、一個部門考核等都是團隊考核，在製造企業，對生產廠、工廠、班組的考核也是團隊考核。個人考核是對崗位任職者一個人的考核，如對總經理的考核、某個部門部長的考核、部門主管、員級崗位的考核等都是對個人的考核。

　　很多企業構建績效管理體系時，沒有明確部門考核和部門負責人考核的區別，將二者等同對待，這是不科學的。部門績效是站在部門整體角度，考慮部門負責人以及部門所有員工共同的價值貢獻；而部門負責人績效是作為個人，在領導團隊過程中組織、協調所有員工的工作成效。當然，從理論角度講，部門績效和部門負責人績效相關性非常大，但並不是說二者完全一致。從概念上區分部門和部門負責人的績效考核，有以下幾個好處：

　　⑴明確區分部門績效和部門負責人績效，不會因為部門負責人的不稱職而否定整個部門的工作成績，尤其是部門員工人數很多，部門設置副職的情況下，明確區分部門績效和部門負責人的績效尤其必要。

　　⑵明確區分部門和部門負責人績效，為績效考核結果的應用提供了方便，可以將部門績效與部門所有員工績效薪資掛鈎，而將部門內部員工與部門負責人績效掛鈎在理論上是行不通的。這樣處理的結果

是將部門內部員工作為一個整體，大家休戚與共，因此員工合作精神和團隊精神得到了提倡和發揚。

⑶對部門的考核和對部門負責人的考核內容是有差別的，對部門負責人的考核一般包括能力素質考核內容，而對部門考核能力素質內容並不適用，一般需要加入滿意度測評內容。

二、績效考評人選擇不當

對於建立績效考核體系來說，考評人的確定是很最重要的一個步驟。如果考評人選擇不當，績效考核自然不會取得好效果。某啤酒集團績效管理實踐案例就說明了這個問題。為了加強績效考核工作，該公司專門成立了績效考核辦公室，這個辦公室歸公司董事長直接管理，主要職責是負責對公司 8 個部門總監以及 13 個子公司總經理進行業績評價，各位總監以及子公司總經理的月績效考核內容以及評價標準由績效考核辦公室負責提出，月末各位總監及子公司總經理評價分數由績效考核辦公室主任負責評定。

公司董事長知道這個辦公室主任不好當，因為這個崗位要對公司各位主管進行業績評價，這就要求其對各個部門以及子公司的業務非常熟悉。考核辦主任在這項工作中投入了極大精力，每位總監以及子公司總經理的考核指標均多達 50 多項，在每個考核初期，都要一一和各位主管「商討」考核指標，每個月末又要和各位主管「商量」考核結果。

即使這樣，董事長對主任的工作還是不滿意：「公司各個部門以及子公司的業績都很完美了嗎？怎麼從來沒有低於 95 分的評價結果？什麼時候有低於 95 分的評價結果，就是個突破！」這是個典型

的績效考評人選擇不當的案例。「商量」著定考核指標,「商量」著進行考核評價,這樣的績效管理是不會有預期效果的。

三、績效考核指標選擇不恰當

實現績效管理的戰略導向,確保個人目標、部門目標與組織目標一致,是績效管理的重要方面。績效管理不能實現戰略導向主要有兩種情況:一種是考核指標選擇太多或互相矛盾,體現不出考核導向;另一種情況是導向錯誤或者指標設計有問題,員工和部門的行為並沒有按著組織期望的行為去發展。

四、過程控制沒有實質的考核指標

下表是某煙草公司對管理考核細則,雖然考核指標多達 8 大類 32 項,但基本沒有有效的過程控制考核指標,而且考核指標數據獲取成本太高,很多數據要經過市場調查獲得。試問,這樣的考核怎麼能得到推進落實呢?

表 7-4-1　煙草公司對管理考核細則

序號	評估項目		評估標準	評估方式	分值
1	指標考核	銷售目標完成情況	A.銷量同比持平或增長 B.銷量同比下降		2
2		平均單條值	A.單條值同比上升 20%(含)以上 B.單條值同比持平至增長 20% C.單條值同比下降 10%以內 D.單條值同比下降 10%(含)以上		3
3	滿意度指標考核	零售客戶滿意度	A.零售客戶滿意度為 95 分(含)以上 B.零售客戶滿意度為 85 分(含)～95 分 C.零售客戶滿意度為 75 分(含)～85 分 D.零售客戶滿意度在 75 分以下	市場問卷調查	10
4		內部責任投訴率	A.投訴率最低的兩家單位 B.投訴率在 3～7 位的 5 家單位 C.投訴率最高的單位	按投訴數量與零售客戶的數量比值計算	5
5		電話訂貨成功率	A.城網訂貨成功率 99%(含)以上,農網 95%(含)以上 B.城網訂貨成功率 95%(含)以上,農網 90%(含)以上 C.城網訂貨成功率低於 95%,農網低於 90%		3
6		宣傳工作	A.宣傳到位率 95%(含)以上 B.宣傳到位率 85%(含)以上 C.宣傳到位率 75%(含)以上 D.宣傳到位率低於 75%	市場調查	3
7		客戶經營指導面	A.城網達到 25%,農網達到 20% B.城網達到 20%以上,農網達到 15%以上 C.城網低於 20%,農網低於 15%	查閱記錄	3

續表

8	工作效果考核	經營指導意見書落實情況	A.落實到位率 90%(含)以上 B.落實到位率 80%(含)以上 C.落實到位率 70%(含)以上 D.落實到位率低於 70%	查閱資料和市場走訪調查	5
9		客戶需求上報	A.100%按要求上報需求 B.90%(含)以上按要求上報需求 C.80%(含)以上按要求上報需求 D.低於 80%按要求上報需求	市場走訪調查	3
10		電訂時修改客戶資料	A.從未出現 B.出現過 1 次 C.出現多次	查閱行銷中心記錄	2
11		客戶基礎資料維護準確率	A.準確率為 100% B.準確率為 95%(含)以上 C.準確率為 90%(含)以上 D.準確率低於 90%		3
12	重點工作	總量浮動管理	這 3 項主要瞭解行銷人員對這些工作的理解及業務流程的熟知情況	書面測試	
13		大戶監管			
14		社會庫存調查			
15	信息終端採集	客戶對信息終端的操作	A.均能熟練操作 B.10%的客戶不能熟練操作 C.超過 10%的客戶不能熟練操作	市場走訪調查	2
16		上線情況	A.每天都上線 B.1 天未上線 C.2 天未上線 D.超過 2 天未上線	查閱行銷中心記錄	1
17		入庫、銷售掃碼	A.均能及時、準確掃碼 B.均能準確掃碼、部份不及時 C.部份不及時、掃碼不準確 D.大量不及時、不準確掃碼	市場走訪和查閱行銷中心記錄	3
18		進、銷、存一致	A.全部一致 B.1~5 盒不一致 C.5 盒以上不一致	市場走訪和查閱行銷中心記錄	3
19		日常維護	A.全部乾淨、線路整潔 B.10%以內不整潔 C.超過 10%不整潔	市場走訪調查	1

20	市場基礎考核	亮證、亮牌經營情況	A. 90 (含) 分	市場走訪調查，計算綜合得分	10
21		捲煙陳列	B. 80 分 (含) 以上		
22		出樣面積	C. 70 分 (含) 以上		
23		上櫃情況	D. 70 分以下		
24		價格標籤			
25	痕跡化資料考核	按客戶訂單組織貨源資料完整性	A. 所有資料齊全並按要求歸類存檔 B. 所有資料齊全，未按要求歸類存檔 C. 資料不齊全，未按要求歸類存檔 D. 資料嚴重不全，並且較亂	查閱資料	2
26		零售客戶培訓	A. 培訓面達到要求，所有培訓資料齊全 B. 培訓面達到要求，培訓資料部份不全 C. 培訓面未達要求，培訓資料不全 D. 未開展零售客戶培訓工作	查閱資料	2
27		客戶經理工作日誌	A. 每天按要求書寫工作日誌 B. 出現漏寫工作日誌的情況 C. 出現經常不寫工作日誌的情況		1
28		市場經理工作	A. 下市場次數達到要求，對客戶經理工作培訓輔導及監督到位 B. 下市場次數達到要求，對客戶經理工作培訓輔導及監督基本到位 C. 下市場次數未達到要求，對客戶經理工作培訓輔導及監督不到位	查閱資料及相關調查	2
29		行銷部副主任工作	A. 能及時、準確傳達市公司行銷政策，較好地培訓、監督行銷隊伍 B. 能及時、準確傳達市公司行銷政策，培訓、監督行銷隊伍工作一般 C. 不能及時、準確傳達市公司行銷政策，培訓、監督行銷隊伍工作一般	查閱資料及相關調查	1
30	理論業務知識考核	業務副主任	專賣法律法規、總量浮動管理、大戶監管、庫存調查、按客戶訂單組織貨源工作、客戶經理工作手冊、轄區零售客戶情況、V3 系統操作等等 標準：得分＝分值×考試得分/100	測試	11
31		市場經理			11
32		客戶經理			8

- 244 -

五、考核指標定義不準確，存在諸多缺陷

績效考核指標定義應非常準確，而且考核數據能夠獲取並能依據評價標準進行衡量。在績效考核實踐中存在缺陷的考核指標比比皆是，尤其是各種比率的考核指標，往往分母不存在，甚至有些指標分子、分母都不存在。例如某公司考核財務人員的指標「核算失誤率」，其分母就無從獲取，即使分子數值可以得到，但若得到完全準確的失誤次數也是非常困難的。很多公司考核職能部門工作習慣使用的「部門工作計劃完成率」這個指標，事實上，工作計劃完成率是很難定義和計算的，這個指標的使用隨意性很大，即使公司基礎管理水準非常高，但想準確地計算也很困難，關鍵問題是不同的工作性質不一樣，重要程度也不一樣，按這個比率來計算是沒有意義的。

六、評價標準和績效目標的制定不合適

評價標準和績效目標的制定是績效管理非常重要的方面，而很多企業所做的考核指標實質上是沒有評價標準和績效目標的。例如某外貿進出口公司客戶，公司對業務部門簽訂了目標責任書，對貿易額和毛利都有績效目標要求，但年初確定的績效目標實現與否關係不大，因為對部門員工的激勵與所定目標沒有任何關係，只是和實現的數值有關係，本質上相當於沒有目標。沒有評價標準和績效目標的績效管理激勵作用是有限的。

某煙草公司客戶，共有 5 家縣(區)煙草公司，自推行績效考核以來，5 家縣(區)公司的績效考核排名就沒變過，因此不能實現績效考

核的激勵作用，這樣的績效考核還有什麼必要？其實，造成這種狀況的主要原因就是制定績效考核標準和績效目標時沒有充分考慮各縣（區）內部環境的差別因素；績效目標制定的過高或過低都不能實現績效管理的激勵作用，目標過高會使被考核者認為不可能達到目標而放棄對高績效的追求，目標過低則會因很容易達到激勵而使被考核者喪失動力。因此，績效標準或績效目標的制定應考慮內部條件和外部環境因素，績效目標的制定應該以經過努力可以達到為原則，這樣才能實現薪酬績效管理的激勵作用。

　　績效考核標準或績效目標制定不當除了不能實現激勵作用外，還會對公平問題產生影響，最典型的就是「鞭打快牛」。

表 7-4-2　煙草公司的主要考核指標

指標名稱	權重	基本分值	評價標準
捲煙銷量	30%	24	捲煙銷量與上半年持平的，得基本分；每增長 1 個百分點，增加 0.5 分，最高增加 3 分；每降低 1 個百分點，扣減 0.5 分，最高扣減 3 分；捲煙銷量同比增幅每超過全省行業平均水準 1%，增加 1 分，最高增加 3 分
重點品牌培育	25%	20	全國性重點品牌(含視同)和行業一二類捲煙排名前 20 名品牌增幅超過 10%的，得基本分；在此基礎上同比每增加 1%，增加 0.3 分，最高增加 4 分；同比每降低 1%，減 0.3 分，最高減 4 分
單箱捲煙銷售額	15%	12	捲煙單箱銷售額達到去年同期水準的，得基本分；每增長 1%，增加 0.25 分，最高增加 3 分；每降低 1%，扣減 0.25 分，最高扣減 3 分

　　表 7-4-2 是煙草公司對地市級煙草公司的主要考核指標，從表中

可以看出，績效目標的制定主要採用的是歷史數據比較法，其評價標準都是基於對前一年的比較做出的，很顯然管理基礎水準越高，業績提升潛力就越小，因此這樣的評價標準對業績靠前的公司是不公平的。

七、績效考核等級劃分不正確

在許多績效管理實踐中，績效考核結果一般可以劃分為優秀、良好、稱職、待改進和不稱職等若干等級。如何科學、合理地劃分考核等級，以及不同考核結果人員的比例分佈，對績效管理的成功推進是很關鍵的。以某事業單位績效管理遇到的問題為例，就充分說明了等級劃分的重要性。

人力資源部門根據傳統的績效管理理論，將績效考核結果劃分為優秀、良好、稱職、待改進及不稱職 5 個等級，並且根據績效考核結果呈紡錘形分佈特徵理論，強制規定 5 個等級員工比例分佈為 10%、15%、50%、15%和 10%。經過幾個週期的績效考核，公司主管發現對員工進行等級劃分是非常困難的，得到「待改進」和「不稱職」評價的員工工作積極性受到了很大影響。

就事業單位用人體制而言，即使考核不合格也不能調離該崗位的工作，別處也沒法安排──績效考核不合格員工往往工作態度和工作能力都有很大欠缺，這樣的員工那個部門也不歡迎──在這種環境下，被評為「待改進」和「不稱職」的員工就會非常消極，而且對部門主管很不滿意，因此每次考核部門主管都非常為難。另一方面，確定「優秀」等級和「良好」等級的員工也很困難，大家的工作都差不多，「優秀」和「良好」到底有多大差別呢？因此，績效考核也就成

了大家「輪換坐莊」的遊戲。

在對該公司管理現狀和企業文化特徵進行仔細調查、研究後，發現存在如下問題：首先，考核結果等級劃分過多，只劃分優良、合格、待改進、不合格 4 個等級就足夠了；其次，等級分佈規定也不合理，考核等級分佈應該採用不對稱分佈，「待改進」和「不合格」不應該強制限制比例，如果改為「績效考核低於 60 分不合格，低於 70 分大於等於 60 分為待改進，績效考核前 30%並且達到 85 分者為優良，其餘為合格」，這樣各部門應該就不會為績效考核等級劃分而苦惱了。

績效考核等級劃分一定要符合企業文化特徵，這是績效考核取得成效非常重要的一個方面。

八、缺乏考核結果的應用

很多績效考核最終失敗是由於績效考核結果應用不當引起的，一般來講，績效考核結果要和績效薪資掛鈎，這樣才能實現薪酬績效的激勵作用。如果績效考核結果與薪資、獎金沒有任何聯繫，那這樣的績效考核肯定是在走形式，因為沒有涉及大家核心利益的變革，就不會引起員工的足夠重視。但如果績效考核結果與個人績效薪資掛鈎程度太強的話，也可能對績效管理的推進產生負面影響。

在某零售連鎖企業的諮詢案例中，單考核「優秀」與「基本稱職」對理貨員績效薪資的影響多大才合適這樣一個問題，就需要研究很久。假設，理貨員一個月薪資 18000 元左右，我們認為對理貨員這樣的崗位不應實行強激勵措施，幹得好與不好不能差別太大。最初提出的方案是考核「優良」增加 2000 元，考核結果「待改進」減少 2000 元，同時考核結果為「優良」的員工比例控制在 30%以內，考核結果

「待改進」沒有強制規定。後來事實證明，2000元的收入增減對於月收入只有18000元的員工來講，還是有一定激勵作用的；如果激勵太大，一方面會給「待改進」員工帶來太大壓力，另一方面也會給公司人員成本帶來不必要的增加。

　　另外一個績效管理案例就是績效考核結果與薪酬掛鈎太大所導致的失敗。某上市公司員工績效薪資方案為：績效薪資＝績效薪資基數×部門考核係數×個人考核係數，考核結果「優秀」與「待改進」係數分別為1.2和0.8；同時部門員工績效考核等級比例與部門考核結果有關聯，部門考核結果為「優秀」的情況下，部門員工「優秀」比例高，反之則低。這樣的薪酬方案最終導致了部門和部門之間收入差距過大，同時部門內部員工之間收入差距也過大（差距為50%）。逐漸引起了員工的懈怠情緒，個人績效和部門績效都直線下降，給整個組織帶來了消極的工作氣氛。很明顯，這種績效考核是失敗的。

5 如何解決績效考核的不公平現象

一、績效考核不公平現象的原因

　　一般情況下，被考核者會選擇4種參照物進行比較，從而在主觀上產生不公平感。

　　(1)自我—內部，即被考核者在企業中處於不同職位上的經驗。例如，把被考核者提升為銷售經理，薪酬只是略有提升，獎金、福利不變，那麼他會感到不公平。

⑵自我－外部，即被考核者在企業以外的職位或情境中的經驗。例如，某企業的研發部經理會與其他企業研發部經理的待遇比較。如果在薪酬、福利等方面沒有其他企業研發部經理待遇好，則會產生不公平感。

⑶他人－內部，即被考核者與其所在企業內部的其他個體或群體比較。被考核者會將自己的努力、經歷、教育、能力等與群體內類似職位的其他個體比較。例如，銷售部經理與生產部、研發部、品質部經理等比較，如果在薪酬、晉升、股權、獎金等方面存在差別，並且這種差別體現的不是業績、努力、經歷、教育、能力等因素，那麼銷售部經理會感到不公平。

⑷他人－外部，即被考核者與所在企業之外的其他個體或群體比較，被考核者會綜合考慮自己的努力、經歷、教育、能力等因素，並與企業外其他人進行比較，即使這些人職位不同、工作內容與工作性質不同，但被考核者仍會進行綜合素質方面的比較，如自己綜合素質高，但待遇比比較物件低，則會產生不公平感。

二、績效考核不公平現象的影響因素

⑴績效標準制定得不合理

①績效標準過高，被考核者根本無法達到。

②績效標準過於模糊，不清晰、不具體。

③績效標準不全面。

④績效標準過於落後，沒有反應技術的發展和市場的變化。

⑤績效標準沒有體現地區和部門特點的差別。

(2)績效考核者素質較低

①沒有選擇正確的考核方法。考核方法有圖形等級量表法、關鍵事件法、行為錨定等級評價法、交替排序法、目標管理法等，不同方法適合不同的場景和目的。如果考核者不能恰當做出區分，容易因績效考核方法選取不當造成考核不公。

②受誤差因素的影響。受首因效應、近因效應、暈輪效應、刻板效應等因素影響，考核者可能做出不公平的考核。

③受人情關係的影響。在績效考核過程中，有的被考核者與考核者關係親密，或被考核者在組織中地位較高，這些因素也容易引發考核不公。

(3)考核程式不合理

長期以來，很多企業一直著眼於分配公平，強調在報酬數量和報酬形式上的公平，但是還應該考慮績效考核的程式公平，即用來確定報酬分配的程式是否讓人覺得公平。因此，績效標準應該公開，並遵循一致、公開和無私的考核程式，同時建立訴訟管道。

三、減少績效考核不公平現象的方法

既然績效考核存在很多不公平現象，那麼就要找出減少不公平現象的方法，主要有以下 4 種方法。

(1)制定公平、合理、公開、公正的績效考核標準

通過工作分析法、專題訪談法、問卷調查法等制定合理的績效考核標準，同時注意與各個部門的溝通，儘量做到績效考核標準全面、準確、一致，充分考慮各個部門、各個地區的實際情況，使標準公開、合理，並在此基礎上與被考核者達成協議，建立目標管理機制。

(2)培訓考核者

對績效考核者進行培訓，採用合理的績效考核方法，推薦採用行為錨定法等級評價法、關鍵事件法、目標管理法等考核方法，避免人情關係的影響。同時還可以採用由多人進行評價的方法，如由總經理、副總經理、董事長進行評價，各部門經理互評等，最大限度地避免因考核者和考核方法不當造成的考核不公平現象。

(3)考核程式公開與公正

在績效考核標準公開化的基礎上，實行考核程式的公開化、標準化與一致化。無論對每位元部門經理實行一致的考核程式，並且要保證考核程式、考核者、考核標準、考核進度、考核結果等都公開，並設立回饋機制，在公示期內任何人均可以提出異議。同時，還要保證考核結果的獎賞標準、升遷程式、獎金與福利的發放等要公開。

(4)以溝通營造互相信任的氛圍

建立持續的溝通機制，總經理不斷與部門經理溝通，對其表現好的方面進行鼓勵和獎勵，同時指出其有待改善的地方，幫助其解決困難。這樣，被考核者就明白為什麼自己的考核分數比較低，低在什麼地方，怎樣進行改進。持續的溝通可以使高層管理者與中層管理者之間、中層管理者與基層管理者，以及員工之間增進瞭解和信任，自然就會降低或消除不公平感了。

為有效抑制被考核者不公平感的產生，使被考核者樂於接受績效考核結果，降低考核不公所帶來的消極效應，管理者可以參照表7-5-1進行自我行為考核。

表 7-5-1　管理者行為考核指標表

行　　為	說　　明
明確工作職責	①與被考核者共同確定工作任務 ②賦予不同的責任以不同的權利 ③解釋被考核者的權利範圍
設置績效目標	①制定績效相關的目標 ②設置清晰、明確的目標 ③確定每個目標的完成期限 ④制定既有挑戰性又可行的目標 ⑤設置目標時徵求被考核者的意見 ⑥形成書面計畫
分配任務	①清楚解釋分工 ②解釋任務分配的理由 ③如果必要，證明其合理、合法性 ④檢查理解情況 ⑤跟蹤執行情況
認可與獎賞	①認可各種貢獻和成就 ②主動搜索需要認可的貢獻 ③認可績效改進 ④認可雖未成功但值得表揚的努力 ⑤不要只認可高度顯現的工作 ⑥不要只認可少數表現優異者 ⑦提供專門、具體的認可 ⑧提供及時的認可 ⑨採用適當的認可方式
指導與培訓	①明確培訓需求 ②解釋額外培訓的必要性 ③建立被考核者的自信心 ④做出有意義的解釋 ⑤保持培訓內容的連續性、促進學習 ⑥提供實踐的機會並進行回饋 ⑦保證有充足的時間以瞭解被考核者複雜的任務 ⑧檢驗培訓是否成功 ⑨鼓勵被考核者將培訓技能應用在工作中

6 績效排名與末位淘汰

　　在績效評估實施中，有些企業實行績效排名順序，並在排名基礎上實行末位淘汰制。

　　理論上，公司找到了該獎勵和該懲罰的員工，分別給予蘿蔔與棍棒，從而促使公司取得更好績效。公司對表現好的員工，給予獎金和成長機會，表現差的員工，要求改進，或者請出門。

　　一般而言，企業實行員工排名和末位淘汰是連在一起的，按照一定比例對考評得分排名靠後的員工執行淘汰制度，淘汰的方法包括：調崗、降職、降薪、下崗和辭退等。

　　美國 GE 公司採用員工績效排名聞名，將員工依照績效排名，被評為倒數 10%的員工，如果工作表現無法進步，可能面臨被開除的命運。在韋爾奇的領導下，GE 公司的績效突出，引起許多公司紛紛效仿，帶動一陣員工排名風潮。

　　類似的排名系統用在美國福特汽車，卻發生了截然不同的結果。福特公司前 CEO 一度將員工依照績效，評為 A、B、C 三級，而且規定一定要有 10%的員工屬於 C 級。公司希望借此淘汰表現不佳的員工，讓公司的績效更好。然而，後來有 6 名員工控告公司，排名方式不夠公平合理，結果公司賠出上千萬美元之後，決定修改這個做法。

　　根據統計，美國財富 500 強企業有近 1/5 對員工的績效進行排名。執行員工排名的公司中，有的是採用百分比，績效最佳的 20%為明星員工、中間的 70%為一般員工、最差的 10%為不佳員工；有些公司採用評分等級，將員工績效分為 1 到 3 個評估等級，或者 1 到 5

個評估等級。有的公司則將員工績效，按照先後評分順序，從第一名排到最後一名。

　　績效排名與末位淘汰的利弊並存，是一把雙刃劍，並非任何企業都適合使用。在現實中，一些企業領導者很有魄力，為了提高員工工作效率，增強企業競爭力，在企業果斷推行績效排名與末位淘汰，但往往事與願違，不僅引起員工的不滿，而且生產率非升反降，甚至惹上勞動用工官司，被員工告上法庭。因此，企業應該謹慎實施「末位淘汰制」。

第 八 章

績效考核的角色和職責

　　績效管理是企業將戰略轉化為行動的過程，是戰略管理的一個重要構成要素。是根據企業的發展戰略和組織目標，管理者與下屬持續溝通，共同制定下屬的工作任務及績效目標，確定相關結果的評定辦法，並且在績效實現過程中提供指導和幫助，從而最終實現企業總體目標，使下屬得到發展。

1 總經理是總的推動者

　　績效考核某種程度上像一出大戲，這出戲能不能唱好、演好，就要看戲中演員的角色是不是到位。做好了角色分工，老旦、老生、青衣、花旦各就各位，主角、配角一目了然，演出時相互配合，該誰唱誰就唱，該怎麼唱就怎麼唱，這戲才有看頭。如果老旦演老生，青衣

演花旦，有主角沒配角，有配角沒主角，那這場戲肯定是亂了套。通常來講，一個企業績效考核中的主要角色是公司總經理、人力資源經理、直線經理和員工。這四種角色都要出現，相互支持和配合才能完成績效考核這項艱巨的任務。單兵作戰或職責不清，結果一定是事倍功半，註定要失敗。在企業裏，常聽到這樣的對話：

　　總經理：「你們人力資源部的人員怎麼幹事的，考核方案已經修改這麼多遍了，怎麼還是不實用、不嚴密，下面業務部門的意見很大，我都不好說服他們呢。」

　　HR 經理：「他們必須按我們的考核方案執行。」「A＋的名額有限，他們超標了！」

　　「沒有實行考核方案前，我們挺受其他部門歡迎的，推行考核方案後倒成了矛盾的焦點，現在真後悔當初提出實施績效考核。」

　　直線經理：「你們總是把難纏的員工交給我們。」「說實話，HR一點也不瞭解我們的情況，管得太死了。」「我們有很多非常出色的員工，為什麼不能多幾個名額。」「今年這個員工評了 D，有點鬧情緒，要不就交給 HR 處理吧。」

　　這其實就是典型的角色混亂，職責不清。企業的績效考核必須進行清晰的角色劃分，然後，每個人依據自己的績效責任關係（如表8-1-1 所示），制訂一份詳細的專門針對績效考核的職責說明書，以職責明確的責任書的形式將績效管理中每個人的責任確立下來，作為推動績效考核的有力政策，考核的成效才可能達到。

表 8-1-1 績效責任關係

上級確定	——向上級負責
上下級協商確定	——向上級負責
自行確定	——向業務關係負責
客觀標準	——向客觀標準負責

　　績效考核是企業的大事，績效考核管理體系能否獲得成功，企業總經理應該負全面責任。企業總經理不應該躲在幕後，不應該嫌麻煩、怕阻力；而要積極站到前台，積極參與其中，給予 HR 經理充分的支持，讓員工和管理者都能看到這種關心和支持，都能跟著行動起來，共同去做好這件大事，直至成功。

　　某企業高層部份為嫡系部隊，部份為外聘空降兵，相互之間利益衝突非常嚴重。最近，老闆要求從高管層到普通員工，全面進行績效考核，但剛剛開展工作，就遭遇諸多阻力。

　　例如：公司需要全面更新工作說明書，從高管層到普通層基本上都是推脫。好不容易由人力資源部強制推行下去了，到開始實施的時候，問題又來了。HR 部門考慮到公司的矛盾衝突現狀，準備外部委託諮詢公司的專業人員，給全員分層次做一下「績效考核導入及制度講解」，但老闆出了個「政策」：所有花費都要均攤到個人，並要限制一定的服務期限，服務期滿才給核銷。大家的不滿情緒一下子起來了，本來就不願進行考核，現在還要負擔費用。HR 部門和老闆溝通不暢，最後只好先做一些表面功夫，將實質性的考核暫時擱淺。本來推行績效考核對公司、對個人都是一件好事，既提高工作效率，又能將貢獻與收入掛鈎；但由於公司內部矛盾重重，加之老闆的費用政策，使人力資源部門無可奈何，無法將績效考核推行下去。

1. 總經理的角色：績效管理的贊助者、支持者和推動者

　　總經理擔當這一角色，首先在態度上要支持人力資源經理。總經理要關心績效管理的工作，不能把擔子全部壓在人力資源經理的身上。績效考核是公司管理的一個重大舉措，阻力和困難不可避免，當阻力和困難出現的時候，總經理必須出面協調統一，排除困難，推動績效考核管理深入開展。一定要明確，績效考核不是人力資源部一個部門的工作，績效考核的實施也不是人力資源部經理自己的責任；僅憑人力資源部的力量，不足以協調各個部門，激發各個部門的積極性，甚至可能惹來眾議。因為績效考核要改變的是管理者的習慣，要讓管理者先動起來，而習慣了舊管理方式的管理者是不太喜歡這種改變的。這個時候，總經理必須出面組織協調，開會溝通，陳述利害，展望前景，激發積極性。總經理的角色貫穿於整個績效管理的始終，推進、改善、提高都離不開總經理的關心。最後還要在行動上對績效考核進行推動，促其深入、全面、公正、有效地發展。

　　績效考核要想實施得好，總經理首先必須扮演好自己的角色；否則，乾脆不要實施績效考核。

2. 企業總經理的職責

　　總經理在績效考核中的職責主要是：確立體現企業價值觀的績效管理體系，監督及協調績效考核的實施，分管部門以及部門負責人的績效管理工作，包括績效計劃制訂、績效實施輔導、績效考核評價以及績效考核結果使用等各個環節的工作。

2 人力資源經理需要更專業

1. 人力資源經理的角色

人力資源經理再也不能是那個忙於製作各種表格，處理各種考核矛盾的「救火人」了。現代企業人力資源經理的角色必須轉變。原因之一是績效考核已成為現代企業考核的核心，所有的考核開發工作都要圍繞員工的績效展開，如薪酬、培訓、職位、職業生涯等。如果績效考核工作開展得不成功，那其他考核職能的發揮將受到限制。二是績效考核是否成功是企業總經理認可 HR 經理能力的重要指標之一，如果 HR 經理不能把績效考核成功推行下去，將很難在企業戰略決策中獲得發言權，至多也只是個列席旁聽的名分。三是成功實施績效考核，HR 經理的形象將得到極大的改善，與直線經理的對立關係也將逐步得到轉變，最終成為合作夥伴，這對 HR 經理職業生涯的發展非常重要。

HR 經理成為考核專家的標誌是：他能根據企業實際獨立設計考核方案，能獨立主持績效考核工作，能對直線經理提供諮詢服務。因此，HR 經理必須全面掌握正確的理論、方法、技巧以及成功的經驗和案例，就像一個銷售員向顧客推銷產品要非常熟悉產品的性能一樣。只有自己弄明白了，才能跟總經理講清楚，才能說服總經理，才能培訓其他直線經理和員工。

成為考核專家最有效的途徑就是學習。學習是快速掌握一個新事物是有效的途徑。HR 經理必須通過書籍、培訓和實踐加強有關學習，理論、實務、案例一個都不能少。

單純的人事管理不需要 HR 經理過多瞭解其他部門的業務，自己管好自己的一攤就基本上可以了。但是，以考核為核心的現代績效管理則有著明顯的不同，它要求 HR 經理要非常熟悉公司其他部門的業務內容和業務流程，所以 HR 經理必須更多地離開辦公桌，走到各個部門中間，以謙虛的學習態度去接觸和瞭解他們的業務。HR 經理只有非常瞭解其他部門的業務，工作才能開展得更好，才會與企業的整體戰略更加協調，作出的舉措才更容易被直線經理所理解和接受，企業績效管理才能不斷走向正規，真正成為企業的戰略助手。

由於 HR 經理的頭上罩了一個「高級辦事員」的光環，直線經理往往對 HR 經理有一種敬畏的心理，不願意接近，甚至有點排斥。他們會認為人力資源部的許多工作都是在給他們添麻煩、加負擔，自己是在給人力資源部打工。HR 經理必須對這一點有一個清醒的認識，透過實際行動，來轉變直線經理對人力資源部的看法。這個行動就是與直線經理構建績效合作夥伴關係，要讓直線經理認識到，績效考核並不都是人力資源部一個部門的事情，而是惠及各個部門，讓全公司都受益的事；只有各個部門與人力資源部密切配合，這項工作才可能做得更好，直線經理才能從中獲得更多收益。同時，為了創建合作夥伴關係，HR 經理應更多地找機會和直線經理溝通，加強彼此的瞭解，以支持者和幫助者的姿態，消除他們的誤解，並為他們所理解和接受，使績效考核成為受他們歡迎的管理工具。

企業總經理是績效考核成功與否的關鍵人物，對績效考核承擔支持和推動的責任，總經理的態度和行動將在績效考核的實施中起到決定性的作用。所以，HR 經理要把績效考核很好地推銷給企業總經理，與總經理保持持續的溝通，逐漸和總經理在績效考核的理念上達成共識，在具體的實務操作上達成一致的理解，在此基礎上，把績效考核

這個「產品」做得更加完善，更加符合企業實際，以便於後面工作的開展。

除了把績效考核推銷給企業總經理之外，HR 經理應把它介紹給企業的更多人，介紹給直線經理和基層員工，讓全體員工都瞭解績效考核到底是什麼，能給他們帶來什麼好處。當直線經理和員工都真正認識了績效考核的實質之後，他們會更願意配合企業的決策，這樣，績效考核的群眾基礎就更加堅固，推行起來阻力就會更小，成功的可能性就更大了。

HR 經理的「產品」做得再好，也得通過直線經理的使用來檢驗。直線經理是績效考核的中堅力量，他們是企業績效考核政策的執行者和使用者，他們的強弱將決定企業的績效決策是否能夠被貫徹執行到位。所以，HR 經理應組織相關的培訓班對直線經理進行績效考核技能的培訓，使他們掌握績效考核的核心技術和操作技巧，以提高他們的績效考核能力。

人力資源經理要通過不斷的跟蹤，隨時掌握績效考核的動態發展，使之在預定的軌道上運行。當績效考核開始在各個部門裏運行以後，HR 經理不是更輕鬆了，而是更忙了。HR 經理必須深入到各個部門，以績效合作夥伴的身份瞭解各直線經理的執行情況，對他們提供諮詢服務，幫助直線經理提高管理技能。

2.人力資源部的職責

(1)負責構建公司績效管理體系；

(2)組織設計各部門、各崗位的績效考核指標；

(3)組織實施績效管理循環過程中績效計劃制訂、績效輔導實施、績效考核評價以及績效結果應用等環節的工作；

(4)為績效考核者提供績效考核方法和技巧的培訓；

⑸監督和評價績效管理系統；

⑹負責組織定期召開績效考核工作會議等。

3 直線經理是直接責任人

　　直線經理在績效考核中，是連接企業和員工的橋樑，向上對企業的績效管理政策負責，向下對員工的績效發展負責，其重要性非同一般。而總經理通常會對績效考核表示出支持的態度，人力資源部的績效管理方案經過修改之後最終會獲准推行。接下來，如果直線經理變成績效考核的「撒手掌櫃」，只專注於自己的業務工作，那麼績效考核就會出師不利。

　　K公司根據事先確定好的考核指標，於年終進行了全員的績效考核。但是，績效考核的結果並沒有預期那麼理想：沒有恰當地反映員工的工作成績；員工工作態度、工作能力的信息在考核結果中呈現出集中的趨勢；每個部門根據員工考核結果制訂的培訓計劃也非常雷同；唯一能作為薪酬調整依據的就是客觀的業績。

　　對得到這樣的績效考核結果，K公司的總經理很不滿意。通過人力資源部的調查，發現績效考核結果的不理想，主要來源於各部門經理對績效考核的不重視。K公司的部門經理普遍認為績效考核是人力資源部的事情，進行績效考核是增加了自己的工作量，影響了自己的日常工作，而且對與下屬就考核結果進行溝通感覺很彆扭。

　　在企業年終考核工作中，K公司這樣的案例很普遍，甚至有人力資源經理把績效考核看成是一件「不做等死，做了找死」的苦差事。

追究績效考核「盛名之下，其實難副」的原因，很大程度上出在直線經理這個環節上。

1.直線經理的角色

就績效考核而言，直線經理和員工是一種彼此獲益的雙贏關係，任何一方的成績都有對方的努力在裏面。員工的成長進步離不開經理的支持、輔導和幫助；經理的業績也不是憑空得來的，而是員工積極配合、共同努力的成果。員工績效的提高就是管理者績效的提高，員工的進步即是管理者的進步。績效考核使管理者與員工真正站到了同一條船上，風險共擔，利益共用，共同進步，共同發展。所以，經理和員工之間絕對不是簡單的管理與被管理的關係，而是績效合作夥伴。對此，經理必須有更加清楚的認識和更加深入的思考，並作出相應的轉變；只有先在角色扮演上做到位，員工才會更加合作，更加支持，才會真心與你溝通，積極參與部門的建設和發展，一種基於信任的績效溝通環境才可以逐步得到建立。

鑑於這個前提，管理者要與員工就工作任務、績效目標等前瞻性的問題進行提前溝通，在雙方充分理解和認同公司遠景規劃與戰略目標的基礎上，對公司的年經營目標進行分解，結合員工的職務說明書與特點，共同制訂員工的年績效目標。

在這裏，幫助員工、與員工一起為其制訂績效目標已不再是一份額外的負擔，也不是浪費時間的活動，而是管理者的自願。因為管理者與員工是績效合作夥伴，為員工制訂績效目標的同時就是管理者為自己制訂績效目標，對員工負責同時就是管理者對自己負責。與員工成為績效合作夥伴需要放下經理的架子，凡事都去和員工溝通，達成一致。通常，管理者與員工應就如下問題達成一致：

①員工應該做什麼工作？

②工作應該做得多好？

③為什麼做這些工作？

④什麼時候應該完成這些工作？

⑤為完成這些工作，要得到那些支援，需要提高那些知識、技能，應得到什麼樣的培訓？

⑥自己能為員工提供什麼樣的支援與幫助，需要為員工清除那些障礙？

在員工實現目標的過程中，管理者應做好輔導員的角色，與員工保持及時、真誠的溝通，幫助員工提升業績。

員工的績效目標往往略高於他們的實際能力，員工需要「跳一跳」才能夠得著，所以難免在實現的過程中出現困難，出現障礙和挫折。另外，由於市場環境的千變萬化，企業的經營方針、經營策略也會出現不可預料的調整，隨之變化的是員工績效目標的調整。所有的這些都需要管理者與員工做好溝通，輔導員工改進並提高業績；幫助員工獲得完成工作所必需的知識、經驗和技能，使績效目標朝積極的方向發展。

溝通需要持續不斷地進行，因此，業績的輔導也是貫穿整個績效目標達成的始終。這對管理者來說，可能是一個挑戰，可能不太願意做，但習慣成自然。幫助下屬改進業績應是現代管理者的一種修養，一種職業道德，當然它更是一種責任。一個優秀的管理者首先是一個負責任的人，所以，貴在堅持。

績效記錄員的一個很重要的原則就是沒有意外，即在年終考核時，管理者與員工不應該對一些問題的看法和判斷出現意外分歧。一切都應是順理成章的，管理者與員工對績效考核結果的看法應該是一致的。

爭吵是令管理者比較頭疼的一個問題，也是許多管理者廻避考核與回饋的一個重要原因。為什麼會出現爭吵？很大一部份原因是因為缺乏有說服力的真憑實據。試問，不做記錄，有那一個管理者可以清楚地說出一個員工一年總共缺勤多少次，都是在那一天，是什麼原因造成的？恐怕沒有。正因為沒有，員工才敢於理直氣壯地和你爭論。

記錄績效一般有以下原因和目的：

①預防員工的不當控訴所涉及的法律問題；

②提供一個基於事實，有關員工績效的持續記錄；

③儘早找出潛在問題，協助員工改進；

④發掘員工的潛力；

⑤透過對良好工作的認知，提升員工的動機；

⑥收集足夠的正確信息以解決並預防問題；

⑦記錄具體事實，用以執行懲戒行動，或者應付員工的不滿與潛在的法律控訴。

為了避免這種情況的出現，為了使績效考核變得更加自然和諧，管理者有必要花點時間，花點心思，認真當好記錄員，記錄下有關員工績效表現的細節，形成績效考核的文檔，以作為年終考核的依據，確保績效考核有理有據，公平公正，沒有意外發生。

做好記錄的最好辦法就是走出辦公室，到能夠觀察到員工工作的地方進行觀察記錄。當然，觀察以不影響員工的工作為佳。記錄的文檔一定是切身觀察所得，不能是道聽途說；道聽途說只能引起更大的爭論。這樣一年下來，管理者就可以掌握員工的全部資料，做到心中不慌了，考核也更加公平公正。

績效考核中的考核已不再是暗箱操作，也不需要。管理者不僅僅是考官，更應該是站在第三者的角度看待員工考核的「公證員」。

　　管理者之所以可以作為公證員來進行考核，主要是因為前三個角色鋪墊的結果。在前工作的基礎上，員工的考核已不需要管理者費心，可以說是員工自己決定了自己的考核結果。員工工作做得怎麼樣在績效目標、平時的溝通、管理者的記錄裏都得到了很好的體現，是這些因素決定了員工的績效考核評價的高低，而非管理者；管理者只須保證其公平與公正即可。要做到這一點，管理者有幾項工作要做：

　　①對照當初制訂的績效目標和標準對員工進行考核，考核的主要依據是員工的業績檔案。

　　②考核結束後與員工進行一對一的面談溝通，並與員工一起對考核過程進行細緻的分析，讓員工非常清晰地瞭解自己是怎樣被考核的，讓員工認識到自己的長處和不足。

　　③與員工一起制訂績效改進計劃。針對員工在過去一段時間所表現出來的績效不足，制訂建設性的改進計劃，為以後的績效工作掃除障礙。

　　④就績效考核的結果對員工有所交代。考核完了之後，績效考核的結果是怎麼使用的，應該告知員工，以便於他們更加明確自己的奮鬥目標。

　　沒有完美的績效考核，任何績效考核管理體系都存在這樣那樣的問題，都存在需要改進的地方。因此，管理者在績效考評結束之後，需要對過去一段時間的績效管理進行有效的分析，找出績效管理中存在的問題和不足，提出改進的辦法，做績效管理的診斷專家。

　　職業諮詢顧問就是在組織中，為個體的職業規劃提供幫助，進行正式或非正式的個體評價和諮詢服務，將相關信息有效地傳遞給員工。直線經理作為職業諮詢顧問，是從保持或提升組織競爭力所需的員工品質和數量的角度出發，通過建立員工和企業之間的直接聯繫來

幫助組織更加合理地配置人力資源。

　　直線經理成為職業諮詢顧問所從事的主要活動，就是應用開發型評估方法和制訂員工成長與發展計劃。他們要鼓勵員工對於他們未來的職業生涯進行獨立思考，同時對其成長給予積極的指導；通過理性的深入檢查，瞭解員工適合現在及未來職業的興趣、能力、信念和期望並對員工進行引導；與員工一起共同評估各種備選方案，探究組織內部和外部的職業機會以及考察職業所應承擔的義務。

　　2.直線經理的職責

①建立協作關係

②建立恰當的目標

③促進績效提升

④績效檢查

⑤實施開髮型評估

⑥創建員工成長和發展計劃

⑦實施繼任計劃

⑧將薪酬和獎勵與成長和發展掛鉤

⑨支持績效提升和變革

　　直線經理的這些角色扮演得好不好，可以通過員工的績效滿意度調查得知。

　　所謂績效滿意度調查，就是經理就過去一段時間所採用的績效管理體系對員工進行滿意度調查。調查的主要目的是為了使績效管理體系不斷得到完善和提高，例如，員工是否有明確的績效目標、是否有明確的績效標準、標準的適用程度如何、員工是否得到了經理的輔導、是否得到了必要的培訓和資源支持，等等。

　　通過滿意度調查，直線經理可以準確知道自己在那些方面做得還

不夠，從而加以改進，為以後更好地做好績效管理奠定基礎。

4 員工也要擁有發言權

1. 員工的角色

　　員工在績效管理中不是完全被動的，而是績效的主人。他們產生並擁有績效，主動為自己的績效注入努力，發現問題主動與主管經理面談溝通，尋求幫助，不斷鍛鍊提高。這是因為：他們在績效考核中，一要積極配合和嚴格執行公司的一切規章制度；二要全面、積極、主動參與，才有利於考核指標的合理確立和完善，有利於考核過程的順利實施；三要對考核結果認識和回饋，才能實現考核的最終目標。因此，員工應充分發揮其主人公的作用，在考核過程中成為自己命運的主宰者。員工能否成為績效的主人，在於他能否成為個人變革的主人、個體職業的宣導者和職業規劃者。

　　作為自身的改變，員工應該利用機會來積極影響他們在組織中的生活，這可以改善與同事和主管的關係，明確自己在組織中的定位。作為自身改變的代理人，應該認識並創造重要的轉變機會，即抓住那些會影響組織成功，繼而導致自己成功的個人突破性進展的機會。

　　績效考核過程要求員工對他們自己的職業負責，即使他們沒有獲得想要的承認或獎勵（更多的職責、權力、漲薪資和升遷）。作為職業宣導者，員工應該是自我促進者，能夠主動將自己的才能、興趣和職業願望告知管理層。職業宣導者應該清晰地陳述他們的希望，並且運用能夠表明其知識和技能的、具有說服力的證據加以證明（如工作樣

本、具體項目、文件記錄等類似的東西）。而且，職業宣導者還應該經常將他們的職業抱負與管理者分享，以實現正式互動、績效評估和回饋機會的最大化。

作為職業規劃者，員工應該積極制訂戰略計劃以充分發揮自己的潛能；設計一個綜合性方案，即融合額外的培訓、教育和經歷以獲得實現個人職業目標所需的知識、技能和態度。職業規劃者應該在他們的整個職業生涯中不斷地評價、反思和影響自己職業生活中的個人成長和發展。

2.員工的職責

①與直線經理和人力資源專業人員一起開發評價標準；

②公正地評價其他員工(上司、同事等)的工作；

③參與自我評價；

④尋求並接受建設性和誠實的回饋；

⑤學習怎樣給其他人提供建設性和誠實的回饋；

⑥準確地理解績效期望和評價標準；

⑦學習診斷自己的績效存在缺陷的原因；

⑧與經理一起制訂績效改進戰略；

⑨發展確定目標和自我管理的技能。

績效考核具體實施流程中的角色和職責分工，如下表。

表 8-4-1　績效評價的角色和主要職責

直線經理	人力資源專業人員	員工
與人力資源專業人員及員工開發與經營有關的評價標準	與直線經理和員工一起開發評價標準	與直線經理和人力資源專業人員一起開發評價標準
理解怎樣消除常見的評價誤差	培訓每一個提供評價信息的人，如同事、下屬、管理者，怎樣消除評價誤差	公正地評價其他員工（上司、同事等）的工作
認真仔細地填寫評價表	協調評價過程的管理	參與自我評價
給員工提供建設性的和誠實的回饋	培訓直線經理怎樣提供回饋	尋求並接受建設性和誠實的回饋
尋求並接受關於個人績效的建設性回饋	培訓自我管理的團隊怎樣提供回饋	學習怎樣給其他人提供建設性和誠實的回饋
利用績效信息進行決策	監督管理決策以確保它們以績效為基礎	準確地理解績效期望和評價標準
診斷績效中存在的缺陷	培訓自我管理的團隊怎樣診斷績效中存在的缺陷	學習診斷自己的績效存在缺陷的原因
與員工一起制訂績效改進戰略並監督員工的績效變化	保證經理和員工瞭解所有可能解決績效缺陷的方法	與經理一起制訂績效改進戰略
為改善績效提供必要的資源	制訂和主持訴訟程序	發展確定目標和自我管理的技能

表 8-4-2　公司績效考核流程中的職責分工

	公司高層	直接上級	員工	人力資源部
目標制定	· 明確公司的年發展方向 · 審核部門的年工作重點 · 提供資源配置，預算分配	· 明確部門的年工作重點 · 審核各人的年考核領域 · 制訂各人的年考核標準	· 瞭解公司年均衡計分卡 · 明確部門年均衡計分卡 · 制訂各人年績效計劃	· 組織績效計劃制訂 · 協調相關部門確定數據平台的建立 · 績效考核計劃歸檔
跟蹤回饋	· 掌握目標實現情況 · 及時分析目標實現偏差 · 提出解決方案或調整目標	· 掌握目標實現情況 · 及時分析目標實現偏差 · 提出解決方案或調整目標	· 階段性目標完成總結 · 原因分析總結 · 解決方案記錄或調整的目標	· 績效跟蹤記錄表
正式評估	· 評估公司年目標實現結果 · 評估部門年目標實現結果	· 評價部門年目標實現結果 · 評價個人年目標實現結果	· 評價自我年目標實現結果	· 組織階段性績效考核評估 · 組織年績效考核評估 · 對考核結果審核
獎勵回報	· 根據公司業績決定獎金總額 · 決定部門獎金分配	· 決定個人獎金分配		· 完成獎金方案匯總及設計 · 協調業務部門完成獎金分配

圖 8-4-1　一個完整的績效考核責任體系

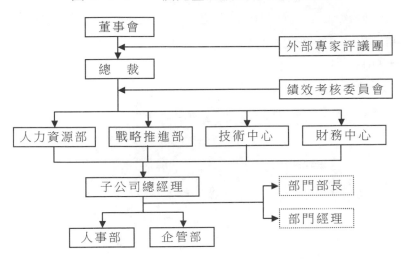

5　關鍵績效指標是否「關鍵」

　　關鍵績效指標是對企業運作過程中關鍵要素的提煉和歸納，通過對企業內部某一流程的輸入端、輸出端的關鍵因素進行設置、取樣、計算、分析，建立一種機制，把企業戰略轉化為內部過程和活動，以不斷增強企業的核心競爭力。那麼，設計出關鍵績效指標就能做到更好的績效管理嗎？

　　問題的答案是否定的。設計良好的關鍵績效指標，一方面要求指標必須是可量化的或可行為化的；另一方面指標應體現一個重要的管理原則——二八原則，即 80%的價值是由企業 20%的骨幹人員創造的。同理，也應看到，企業 80%的工作是由 20%的關鍵行為來完成的。

因此，在績效管理過程中，要抓住並考核 20%的關鍵行為，這在很大程度上能確保抓住績效考核的關鍵，從而促進績效管理的成功。那麼，建立這些關鍵績效指標應遵循什麼原則呢？這些指標應具備什麼樣的特徵呢？

一、建立關鍵績效指標的原則

1.體現目標導向

建立關鍵績效指標必須以企業戰略和總體目標為指導，抓住關鍵成功要素和企業核心競爭力，結合部門和職位的特點，將企業總體目標分解為各個具體目標，建立支援具體目標的關鍵指標。

2.注重工作品質要素

無論企業採取技術領先戰略還是成本領先戰略，品質都是企業保持競爭力的法寶，也是企業的生命。因此，設置關鍵績效指標一定要將品質放在關鍵地位，注重工作品質要素。

3.具備可操作性

設置關鍵績效指標，要體現 SMART 原則中的「M」，即可衡量性、可操作性。每一個指標都要給出準確的含義和衡量標準，並建立標準的信息收集管道。

4.強調輸入和輸出過程的控制

建立關鍵績效指標，要重點強調流程輸入端和輸出端的控制，即側重強調結果控制，將兩者的控制過程視為一個整體。當然，對流程的關鍵節點也要設置關鍵指標加以控制。

5. 3個層次應責任明確

關鍵績效指標體系在企業、部門、員工 3 個層次上應責任明確，

在此基礎上強調各層次之間、各部門之間的連帶責任，以促進相互協調和溝通。

二、關鍵績效指標的特徵

根據以上 5 個原則，建立有效的關鍵績效指標應滿足以下特徵：

⑴關鍵績效指標必須是具體的、可衡量的、可達到的，並且有明確的時間特徵；

⑵員工績效考核指標的設計是基於企業的發展戰略與流程，而非職位的功能；

⑶保證員工的績效與內外部客戶的價值相連接，共同為實現客戶的價值服務；

⑷將員工的工作與企業願景、戰略相結合，層層分解，層層支持，使部門績效、個人績效與企業的整體效益直接掛鉤。

一家高科技公司，曾制定過關鍵績效指標，希望以此進行績效考核，可是該公司從來沒有真正實施過。因為該公司覺得實施起來十分困難，或者根本就沒有辦法實施。經過分析發現，原來該公司有 6 個部門，每個部門至少有七八個關鍵績效指標，每個部門的工作性質都不一樣。這樣，至少有 50 個考核指標。後來，一位得到分析結果的高層管理者說：「當然，如果用 50 個考核指標來考核，我認為沒有實施也是一件值得慶倖的事情。雖然沒有實施關鍵績效指標，至少我們沒有因這 50 個指標而擾亂了目前運行還比較穩定的部門工作。」

案例中的公司是一家在管理方面備受業界稱譽的公司，但在績效考核指標設計方面卻沒有很好的方法。雖然很多企業都聲稱有自己的績效考核指標體系，但如果不能很好地解決績效指標設計的問題，即

抓住績效指標的「關鍵」，績效考核甚至績效管理對企業績效提升的
支持作用是非常有限的。

6 關鍵業績考核指標設計

一、關鍵業績考核指標分類

關鍵業績考核指標體系包括過程指標和結果指標兩大類，過程指
標用於評估被考核者的過程行為，結果指標用於評估被考核者的工作
結果；結果指標分為定量指標、定性指標和非權重指標三類。

1.定量指標

定量指標是可以準確數量定義、精確衡量並能設定績效目標的考
核指標。定量指標分為絕對量指標和相對量指標兩種，絕對量指標如
銷售收入，相對量指標如銷售收入增長率。

定量指標的五要素是：指標定義、評價標準、信息來源、績效考
核者和績效目標。指標定義就是對指標的詳細解釋及如何計算的說
明。評價標準是如何計算績效考核指標得分的詳細條款。信息來源指
績效考核信息來自何處。績效考核者指由誰負責制定績效目標並實施
考核。績效目標是在考核期間應該達到的指標數值。

定量指標是比較客觀、有效的考核指標，其中絕對量指標可以是
長度、品質、時間以及其他數量，相對量指標可以是任何同單位數量
的比值。一個數量結果指標是否合理、有效，指標的五個要素都是非
常關鍵的，尤其是評價標準和績效目標是相互關聯的，設計指標時要

尤其注意。此外，選擇績效考核標準的評分方法也很關鍵，要選擇合適的評價方法，以使考核結果公正、公平，實現有效激勵。定量指標有兩種制定評價標準的方法：一種是加減分法，另一種是規定範圍法。

(1)加減分法

採用加減分法確定評價標準，通常適用於目標任務比較明確，任務完成比較穩定，同時鼓勵員工在一定範圍內做出更多貢獻的情況。使用加減分法計算得分時，一般情況下最大值不能超過權重規定的數值，最小值不應出現負數。

加減分法是應用最為廣泛的方法，根據指標是相對量還是絕對量以及其他因素，要靈活設計評價標準，不同情況下評價標準的設計應各有不同，下面進行詳細說明。

①需要設定目標值的絕對量指標

表 8-6-1 是某公司對分公司的考核指標「總銷售量」，這是一個絕對量的定量指標。

表 8-6-1　某公司對分公司的考核指標「總銷售量」

名稱	指標定義	評價標準	信息來源
總銷售量	該指標動態監控年銷售量目標完成情況。銷售量指自年初到本考核期末累計銷售量	該項指標滿分為 10 分，起始值為 8 分。實際銷售量等於公司目標值時為 8 分；每少於目標值 0.5%，扣 2 分；每超出 0.5%，增加 1 分。該指標最高分 10 分，最低分 0 分	行銷中心

如何對指標進行定義是很關鍵的，如本例中「總銷售量」是指年初至本考核期末累計銷售量，這是為了和年目標責任相結合。制定評價標準要考慮行業特點、市場情況以及設定目標值的準確程度，要保證考核標準有激勵作用，同時實現公平作用，不能出現各單位得分差

別太大或太小的情況。

②需要設定目標值的相對量指標

表 8-6-2　某公司對分公司的考核指標「結構」

名稱	指標定義	評價標準	信息來源
結構	該指標反映了捲煙銷售結構提升的工作成效。計算公式：本期三類以上捲煙銷售量/本期總銷售量	該指標滿分為 10 分，起始值為 8分。達到目標值為 8 分；每超出目標值 10%，加 1 分；每低於目標值10%，扣 2 分。該指標最高分 10 分，最低分 0 分	行銷中心

　　表 8-6-2、表 8-6-3 是某公司對分公司的考核指標「結構」，這是個相對量的定量指標，績效目標值是個比率，大小在 0 和 1 之間。對於比率性質的指標，如何設計評價標準是非常關鍵的。

表 8-6-3　某公司對分公司的考核指標「結構」

名稱	指標定義	評價標準
結構	該指標反映了捲煙銷售結構提升的工作成效。計算公式：本期三類以上捲煙銷售量/本期總銷售量	該指標滿分為 10 分，起始值為 8 分。達到目標值為 8 分；每超出目標值 1 個百分點，加0.5 分；每低於目標值 1 個百分點，扣 1 分。該指標最高分 10 分，最低分 0 分

　　根據表 8-6-2 評價標準，假設目標值為 0.3，實現值為 0.33，那麼這項指標超目標值 10%，因此得分為 9 分；而根據表 8-2-3 評價標準，同樣假設目標值為 0.3，實現值為 0.33，那麼這項指標超目標值 3 個百分點，因此得分為 9.5 分。由此可見，不同的評價方法是有比較大的差別的，同樣的目標值及實現值，前者得到 9 分，而後者得到 9.5 分。

③與歷史數據比較制定評價標準

對定量指標設定績效目標值是績效管理工作最重要的環節，而且績效目標的

高低決定著績效考核結果的巨大差別。如何制定績效目標是其中非常重要的一個問題，也是比較費時費力的問題，對此，歷史數據法是應用比較普遍的一種方法。在制定評價標準時，可以將績效指標的完成情況與歷史數據進行比較直接得出分數，這樣可以減少每個考核週期都要制定績效目標這個問題。

表 8-6-4 所示與表 8-6-2 所示是同一個指標，這是一個絕對量的定量指標，但兩個表格的評價標準有所差別。表 8-6-4 的評價標準直接與歷史同期數據比較，因此不必設定目標值。由此可見，這種方式的考核評價標準操作起來更方便。

表 8-6-4　某公司對分公司的考核指標「總銷售量」

名稱	指標定義	評價標準	信息來源
總銷售量	該指標動態監控年銷售量目標完成情況。銷售量指自年初到本考核期末累計銷售量	該項指標滿分為 10 分，起始值為 8 分。捲煙銷量與去年同期持平得 8 分；每增長 1 個百分點，增加 0.3 分；每降低 1 個百分點，扣減 0.5 分。該指標最高分 10 分，最低分 0 分	行銷中心

表 8-6-5 與表 8-6-3 所示是同一個指標「結構」，這是一個相對量的定量指標，唯一的差別就是將評價標準改為「與去年同期比較」，事實上，這種評價標準的本質就是將去年的歷史數據作為目標值。由此可見，這種方式操作起來更方便。

表 8-6-5　某公司對分公司的考核指標「結構」

名稱	指標定義	評價標準	信息來源
結構	該指標反映了捲煙銷售結構提升的工作成效。計算公式：本期三類以上捲煙銷售量/本期總銷售量	該項指標滿分為 10 分，起始值為 8 分。結構指標與去年同期持平得 8 分；每增加 1 個百分點，增加 0.3 分；每降低 1 個百分點，扣減 0.5 分。該指標最高分 10 分，最低分 0 分	行銷中心

(2)規定範圍法

規定範圍法是設計評價標準的另一種方法，經過數據分析和測算後，評估雙方就標準達成的範圍進行評估得分。在某些情況下，規定範圍法是比較科學、合理的，因為用加減分法設計評價標準，一般都是線性函數，而在某些情況下，可能需要不同的激勵效應函數，因此評價標準設計為指標在不同區間對應不同分數更具有合理性。表 8-6-6 是某公司對銷售部門考核指標「銷售收入完成情況」的評價標準，採用的就是規定範圍法。

表 8-6-6　某公司對銷售部門考核指標「銷售收入完成情況」
的評價標準

考核指標	銷售收入完成情況			
指標定義	考核銷售收入完成情況，用實際銷售收入除以年初銷售收入績效目標。銷售數據用年初自本考核期累計數據核算			
目標完成情況	90%≤完成率≤100%	80%≤完成率＜90%	60%≤完成率＜80%	完成率＜60%
得分	10～9 分	8～7 分	6～5 分	4～0 分

表 8-6-7 是某公司對財務部門考核指標「資金保證率」的評價標

準，採用的也是規定範圍法。

表 8-6-7　某公司對財務部門考核指標「資金保證率」
的評價標準

考核指標	資金保證率			
指標定義	該指標反映及時足額籌集所需資金的情況：資金保證率＝本考核期間實際籌資金額／本考核期間計劃籌資金額×100%，如果本考核期沒有新增資金需求，則用上一考核期完成值			
目標完成情況	R＜78%	78%≤R＜80%	80%≤R＜82%	82%≤R＜86%
得分	0 分	2 分	4 分	6 分
目標完成情況	86%≤R＜90%	90%≤R＜95%	95%≤R＜99%	R≥99%
得分	7 分	8 分	9 分	10 分

2.定性指標

有些指標雖然可以明確定義，也是某些行為的結果，但這些指標卻不能精確衡量也無法設定數量化的績效目標，例如工作疏忽錯誤、工作完成及時性等。這時就需要採用定性指標了。

定性指標的五個要素同樣是指標定義、評價標準、信息來源、績效目標和績效考核者。與定量指標的差別在於，其績效目標是定性的描述而不是定量的精確數字。制定定性指標評價標準有加減分法和綜合評分法。

(1)加減分法

加減分法廣泛適用於工作可能出現差錯、疏忽以及對工作有及時性要求等方面的考核，通過考核監督，可以使被考核者更加積極、努力地工作，爭取優質、高效地完成工作。加減分法廣泛應用於財務、行政、後勤等職能管理及業務管理方面。

表 8-6-8　對財務科各崗位人員考核指標

名稱	指標定義	評價標準	信息來源
會計檔案資料傳遞歸檔及時性	該指標考核各種憑證(原始憑證、記賬憑證、會計憑證)、各種表單(銀行存款調節表、入庫單、成本聯、各中轉站現金繳款單、納稅申報資料、銀行代扣明細表、薪資表備查簿)、各種報告(財務報告、審計報告、評估報告)以及合約檔案、會計賬簿等會計檔案資料處理傳遞工作情況	該項指標滿分 10 分。相關資料未能及時完成並傳遞到有關崗位扣減 2～5 分；若有關資料處理存在疏漏或錯誤，根據情況扣減 2～5 分；若給其他崗位人員帶來工作不便，根據情況扣減 2～5 分；若給公司帶來損失，該項指標得 0 分	財務科

　　表 8-6-8 是某公司對財務科各崗位人員考核指標「會計檔案資料傳遞歸檔及時性」，指標定義非常明確，評價標準也非常清晰。該企業的財務基礎工作非常到位，表 8-6-9 是財務部會計憑證及其他會計資料傳遞、歸檔時間要求表，由這個表可以看出，該企業的財務管理工作的確落到了實處。

表 8-6-9　財務部會計憑證、會計資料傳遞時間表

類別	名稱	責任人	接受人	時間安排	說明
會計憑證類	核報後的原始憑證			每月按報銷時間分批傳遞	核報後的原始憑證指審核無誤並已辦理款項收付的票據
	已歸集科目的原始憑證			每月分批傳遞	歸集科目後，按憑證號傳遞
	銀行存款調節表			次月 10 日以前	調節表每月列印存檔須附文字說明
	入庫單、成本聯			次月 13 日以前	核對無誤後，按憑證號傳遞
	各中轉站現金繳款單			次月 13 日以前	核對無誤後傳遞
	記賬憑證			次月 15 日以前	按傳票序號逐一粘貼，裝訂
	會計憑證			次月 15～18 日以前	會計憑證指已裝訂完可以歸檔的會計憑證
財務報告類	月、季、年財務報告及相關文字分析材料			每季末至次月 15 日以前	月報表按季裝訂，裝訂後簽章歸檔
	各類審計報告			每次審計完成並出具報告後	含年終審計以外的其他審計
	各類資產評估報告			每次評估完成並出具報告後	含處置不動產、車輛時的競拍資料
其他類	銀行對帳單納稅申報資料			銀行對帳單每月 7 日以前	銀行對帳單按月裝訂歸檔，納稅申報資料按年歸檔
	銀行代扣明細表			次月 7 日以前	按月裝訂歸檔
	薪資表備查簿			每季末至次月 15 日以前	按季裝訂歸檔
	合約檔案			年末 12 月 30 日以前	按年裝訂歸檔
賬簿類	會計賬簿			次年財務決算完成後	會計賬簿類，包括總賬、日記賬、明細賬、輔助賬等，負責並列印

(2)綜合評分法

綜合評分法是通過設計一定的規則來進行評分，而不是簡單的加減分數。表 8-6-10 是某煙草公司對員工培訓效果方面的考核，評分辦法實質是通過一定的計分規則算出總分，排序後根據排序名次確定最終分數。

表 8-6-10　某煙草公司對縣（區）分公司
員工培訓效果方面的考核

名稱	指標說明	評分標準	信息來源
員工培訓效果	用考試成績來衡量	該項指標滿分為 10 分。每次市局統一組織考試，平均成績排名第一的記 5 分，第二的記 4 分，依次類推，第五名為 1 分，同時，名次上升幾位加幾分；考核前 5 名所在縣（區）各加 3 分，考核第 4～10 名所在縣（區）各加 2 分，考核第 10～20 名所在縣（區）加 1 分；考核末 5 名所在縣（區）各減 1 分，季末統計總分，總分第一名縣（區）為 10 分，第二名為 9 分，依次類推，第五名為 6 分	財務科審計科安保科

表 8-6-11 是某公司對司機行車里程方面的考核。從評價規則可以看出，出車里程越多的司機，該項指標獲得的分數就越高。

表 8-6-11　司機行車里程方面的考核

名稱	指標說明	評分標準	信息來源
行車里程	該指標反映了司機（駕駛員）整體工作量的大小	該項指標滿分為 10 分。按月將各位司機行車里程排序，行車里程最多的為 10 分，之後各減少 1 分	

3.非權重指標

非權重指標所考核的是重要事項，但一般不是常規工作，如果將其作為權重指標考核，會給績效考核戰略導向帶來影響，但事項的發生對組織和部門戰略目標的實現又具有重大意義，因此對這類指標的考核採取不佔有權重的形式。非權重指標包括否決指標、獎勵指標和獎懲指標。

(1)否決指標

否決指標用於對一些重要前提事項（必須完成的事項或不能發生的事項）的考核，該事項完不成或發生，其他所有工作就都沒有意義，如品質事故、安全生產等。

根據事項的性質及嚴重程度，評價標準分別給予扣分、當期考核不合格、當期和餘下期間及年考核都不合格等處理。其中，扣分是直接在關鍵業績指標考核總得分基礎上進行扣除。

表 8-6-12 是某公司對有關部門交通安全方面的考核，這是一個否決指標。交通安全對任何企業都是非常重要的，如果交通安全出現重大責任事故，那麼很多工作都將失去意義，因此該公司將「交通安全」作為否決指標來進行考核。無論其他關鍵業績指標得多少分，只要發生導致人員重傷及財產損失 5000 元以上的交通事故，本期考核就不合格，其他各方面業績也都不再有任何意義。

表 8-6-13 是某公司對辦公室的考核指標「檔案印鑑管理」，這也是一個否決指標，如果文件、檔案、印鑑、合約等丟失，則當期考核不合格。

表 8-6-12　考核指標「交通安全」

名稱	指標定義	評價標準	信息來源
交通安全	該指標反映了安全駕駛工作情況	發生沒有造成人員輕傷、財產損失 500 元以下的交通事故，根據責任大小以及事故嚴重程度，扣減 10～20 分；發生導致人員輕傷以及財產損失 500 元以上 5000 元以下交通事故，根據責任大小以及事故嚴重程度，扣減 30～40 分；發生導致人員重傷以及財產損失 5000 元以上交通事故，本期考核不合格	辦公室

表 8-6-13　檔案印鑑管理的考核指標

名稱	指標定義	評價標準	信息來源
檔案印鑑管理	該指標反映考核期間有關公司文件、檔案、印鑑、合約等管理工作情況	文件、檔案、印鑑、合約等管理混亂，無法及時向相關部門或提供相應物品，根據情況扣減 10～20 分；如果上述物品丟失，本期考核不合格；如果造成嚴重後果，本期及餘下期間、年考核不合格	主管

(2)獎勵指標

　　獎勵指標是用於對某些需要獎勵事項的考核，這些事項不在被考核者的崗位職責範圍內，但卻對組織和部門的目標達成具有重大貢獻，因此要對這些事項進行獎勵，根據事項的性質給予加分獎勵。獎勵分數是在關鍵業績指標考核總得分的基礎上直接進行加分。

　　表 8-6-14 是某公司對各部門「工作創新」方面的考核，該公司對創新工作非常重視，工作創新融合在企業文化建設之中，為此公司專門制定了《工作創新管理辦法》，該公司將「工作創新」作為對各部門考核的獎勵指標。

表 8-6-14　工作創新的考核指標

名稱	指標定義	評價標準	信息來源
工作創新	反映部門工作創新成效	考核期間工作有創新，達到市局公司《工作創新管理辦法》相關條件的，根據情況加 4～10 分；在對公司創新能力考核做出突出貢獻的部門，根據情況加 4～10 分	主管

4.過程指標

　　績效考核的重要意義在於過程控制，結果指標是工作的結果，也是滯後指標，如果全部採用結果指標進行考核，那麼績效考核就失去了控制的意義。因此，如何加強過程控制，如何對行為過程進行考核，成為很多公司正在研究的課題。

　　過程指標具有四個方面的要素，分別是指標說明、評價標準、信息來源和績效考核者。過程指標根據主要工作流程控制點行為特徵來進行描述，以評估表的形式得出評價標準。

　　需要說明的是，過程考核指標的引入不僅在於重視評價標準的有效性，實現了公平、公正，其更大的意義在於，過程指標的評價標準提出了此項工作的較高要求，對工作方法和業績的提升都有很大幫助。被考核者通過評價標準可以清楚地知道目前工作中的差距，有針對性地採取措施，以便達成績效目標。

　　表 8-6-15 是某公司對辦公室的考核指標「車輛管理」，評價標準分別說明了好、中、差三種情況的特徵，考核者將根據實際工作情況首先做出好、中、差的評價，然後再根據考核者的主觀評價，確定被考核者的最終得分。

表 8-6-15 「車輛管理」考核指標

名稱	指標說明	評價標準			信息來源
		差（0～3分）	中（4～7分）	好（8～10分）	
車輛管理	該指標反映了對車輛的年檢、油料使用、維修及保養等管理工作成效	公司車輛燃油費用、維修費用失控，車輛調配使用比較混亂，車輛維修保養記錄不全，不能及時發現設備故障並及時修復	車輛燃油費用、維修費用、行車費用基本控制合理，車輛調配使用規範，按照規定建立了各類安全台賬以及車輛和駕駛員檔案，能對車輛進行有效監控並修復故障	車輛行車費用、燃油費用、維修費用控制有效，車輛調配使用規範，按照規定建立了各類安全台賬以及車輛和駕駛員檔案，能實現車輛的有效監控和故障的及時修復，定期檢查、保養車輛，及時找出車輛安全的潛在風險並排除隱患，能根據實際情況不斷完善車輛管理工作	主管

　　將表 8-6-15 中對部門的考核「車輛管理」進行分解，可以得到「車輛調配、車輛維修、車輛保養、車輛油料管理」四個考核指標，作為對車輛管理員崗位的考核。表 8-6-16 就是這四個指標的評價標準。

表 8-6-16　車輛管理員崗位考核指標

名稱	指標說明	評價標準			信息來源
		差(0～3分)	中(4～7分)	好(8～10分)	
車輛調配	該指標反映車輛調配工作效果	車輛調配手續不齊全	有車輛調配使用流程，出車手續齊全，經常存在先出車後補手續現象，車輛數據統計比較及時，但數據有時不很準確	車輛調配使用流程得到嚴格執行，出車手續齊全，基本沒有先出車後補手續現象，車輛調配沒有出現重大問題，車輛使用統計及時、數據準確	辦公室
車輛保養	該指標反映考核期間車輛維護保養工作效果	因操作不當導致車輛刮擦、損壞配件等事件發生	愛護車輛，定期做好車輛保養、維護，車容整潔、美觀	愛護車輛，定期做好車輛保養、維護，車容整潔、美觀，沒有因為車輛保養、車輛整潔原因被乘客抱怨，沒有因保養不及時影響車輛性能事件發生	辦公室
車輛維修	該指標反映考核期間車輛維修工作效果	車輛維修沒有計劃性，隨意性大，車輛維修費用高	公司車輛維修費用控制有效，車輛維修及時，車輛沒有安全隱患	車輛維修工作有明確的制度流程規定，有車輛維修計劃，每輛車大中修記錄清楚，公司車輛修理費用控制有效，沒有因為平時保養工作不到位給車輛性能帶來嚴重影響的事件，車輛出現問題能及時維護、修理，車況性能良好	辦公室
車輛油料管理	該指標反映考核期間文檔管理員的車輛油料管理工作	經常未經過核實就記錄里程數，常常延後記錄	基本上能夠及時核實記錄里程數	嚴格、及時、準確記錄里程數	辦公室

二、關鍵業績考核指標設計過程

　　在戰略驅動績效指標分析及組織績效模型部份，我們已經談到了建立部門關鍵業績考核指標的步驟，通過對管理流程和業務流程關鍵控制點分析及對應的高績效行為特徵分析，提煉出結果考核指標與過程控制指標。那麼，崗位關鍵業績指標應該如何提煉？部門和個人關鍵業績考核指標又該如何設計呢？具體來說，建立關鍵業績指標體系需經過如下幾個步驟：

圖 8-6-1　關鍵業績指標設計流程

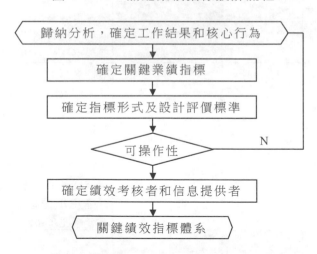

1.確定工作結果和核心行為要堅持的原則

　　工作結果必須與組織目標相一致，工作結果的實現應有利於組織目標的實現，核心行為一定要選擇主要流程關鍵控制節點行為，這個行為一定要在組織的價值鏈上能夠產生直接或間接的增值作用。

　　如果工作結果可以定義和衡量，那麼就應該選擇工作結果作為考

核指標；當工作結果難以衡量或獲取成本很高時，可考慮選擇工作過程中的核心行為作為考核指標。例如對研發人員的考核激勵問題，研發價值不是當時就能準確判斷的，研發結果的價值要在產品市場上得到檢驗，這種情況下，選擇結果指標就是延遲指標，這種指標可以對研發人員進行長期激勵，但不能解決及時激勵的問題。為了達到激勵的及時效果，還要增加一些過程指標進行考核，例如技術先進性、技術可行性、技術資料的品質以及技術文檔的品質等。對於一個高科技企業而言，研發工作是一項持續進行的活動，如果一個研發人員的工作能夠為後續的研發帶來有價值的經驗或教訓，那麼這樣的工作都能給企業帶來增值的行為。

當工作結果確定後，每個工作結果都對應著一個結果指標；當關鍵行為確定後，每個關鍵行為都對應著一個過程指標。

2. 確定關鍵業績指標

工作結果和核心行為確定後，每個結果和行為都對應著一個考核指標，但並不是所有的指標都是關鍵業績指標，只有支援企業發展戰略，對企業組織目標的實現起增值作用，代表崗位核心職責的指標，才是關鍵業績指標，需要從這些指標中選出關鍵業績結果指標和關鍵業績過程指標。

部門關鍵業績指標應突出部門工作的重點，通過對公司整體業務價值創造流程的分析，找出對其影響較大的因素，選擇對組織績效貢獻最大的方面作為關鍵業績指標。

將部門關鍵業績考核指標進行分解，同時結合各崗位工作職責，可以確定崗位績效考核指標。

3.確定指標形式及設計評價標準

(1)評價標準設計

①定量指標

對於反映常規工作的結果指標，若這個指標可以明確定義並能精確衡量，同時可以制定出數量化績效目標的話，就採用定量指標。

對於定量指標來說，除了確定績效目標外，設計評價標準也是最關鍵的，要充分考慮指標特點、績效目標數值以及實際數值波動範圍，應使績效考核分值分佈基本合理，並盡可能考慮各種條件下都能使績效指標考核結果具有公平公正性，同時能夠實現對員工的激勵作用。

②定性指標

對於反映常規工作的結果指標，如果這個指標可以精確定義，但精確衡量成本過高或績效目標難以數量確定，就採用定性指標。

對於定性指標，要詳細設計加分、減分標準，以保證不同情況下考核指標都會發揮效力。

③過程指標

對於過程指標，通過分析高績效行為特徵，用定性描述方式確定評價標準。要對企業管理現狀進行詳細研究，使評價標準能反映標杆企業行為特徵，同時也要符合企業發展現狀，使管理者經過努力有達到的可能。

④非權重指標

對於不是常規工作的結果指標，若事件發生對組織影響重大，可以考慮採用非權重指標形式，然後再根據工作結果對組織目標實現的影響，設計為否決指標、獎勵指標和獎懲指標。

對於否決指標，要詳細研究不同結果對組織危害的程度，同時分

別給予扣分、當期考核待改進、當期考核不合格、本期及餘下期間不合理、年考核不合格的處理；對於獎勵指標和獎懲指標，要詳細研究加分或減分幅度，這種加分或減分往往意味著任職者當期考核排在前列或末尾，也意味著績效考核等級為優秀或不合格。

(2)設計評價標準應該注意的問題

對於公司不同部門以及同一部門內部不同崗位的各個關鍵業績考核標準，要儘量保持一致，一方面不能出現有的考核指標標準過嚴，評價分數往往很低，而有的評價標準過於寬鬆，導致評價分數往往很高的情況；另一方面也不能出現有的指標得分差距過大，而有的指標得分差距過小的情況，這樣都將導致權重失真。

4.判斷關鍵業績指標可操作性

判斷一個績效考核指標是否具有可操作性，要從指標定義、評價標準、考核結果和考核導向等方面來看，關鍵業績指標應具有以下幾個特徵：

(1)考核指標應該是工作結果或工作行為

工作結果應該可以明確定義，可以衡量；衡量可以是精確計量確定目標，也可以是數據調查、抽查、檢查等統計意義上的衡量，抑或是發生差錯次數的計量。工作行為可以準確描述，尤其是關鍵控制點行為特徵應該能夠清晰表達。

(2)評價標準應該是具體而非抽象的

評價標準應定義準確，不能含糊不清。例如，某客戶對品質主管的月績效考核指標「技術問題」，評價標準是：「工廠提出的技術問題，一般性的當日解決，否則月考核每次扣2分；複雜性問題在3日內提出可行性解決方案並組織實施，無故無方案或每拖延1天月考核每次扣1分。」這個評價標準不是很具體，對於什麼是一般性的問題，什

麼是複雜性問題，很難界定清楚，因此這個考核指標不具備可操作性。

(3)績效結果是可獲得的

如果考核者無法獲得績效考核結果，或者獲取考核結果要花費很大的成本，那麼這樣的考核指標也不具備可操作性。例如，某客戶對品質主管的月績效考核指標「本部門資料的保存」，評價標準是：「本部門各種資料保存完整率達 95%以上，歸檔率達 100%，否則此項扣 5分。」資料保存完整率、歸檔率無法計算——分母無法獲取，分子也很難獲取，即使能獲取，也要花費很大成本，因此這個考核指標也不具備可操作性。

(4)績效結果是相關的

績效考核結果應該是被考核者的行為結果，如果績效考核結果與被考核人無關，或者被考核人不能控制，那麼就不是合理、可行的績效考核指標。例如，某公司對品質主管的月績效考核指標「麥芽、大米品質」，評價標準是：「麥芽、大米品質優級品率達到 100%，當月考核加 10 分。」考核指標「成品酒的包裝」，評價標準是：「對技術進行合理的改進，項目改進後能明顯提高產品品質，降低生產成本，月考核加 10 分。」上述兩項考核指標的實際完成情況不是品質主管所能控制的，麥芽、大米品質主要與採購人員有關，而技術改進主要是技術人員的職責，因此用這兩個指標考核品質主管是不合理的。

(5)績效目標達成是有時限的

績效考核是一段時間內工作的績效，如果工作目標沒有確定的時間期限，那就不具有可操作性；應該儘量避免使用「儘快」、「較快」等模糊的時間概念，應給出清晰的時間限制。

(6)績效考核導向是正確的

績效考核應能促使被考核者努力達成組織期望的行為。

表 8-6-17　品質總部對子公司的考核指標「產品品質」

名稱	指標定義	評價標準	信息來源
產品品質	該指標考核產品品質是否符合要求，由品質管理中心定期去子公司和市場抽查取樣	本項初始值為 10 分，每發現一項次理化指標、口味一致性不合格扣除 1 分；產品品質問題被當地媒體曝光造成較大影響的，本項指標為 0 分；若出現產品品質問題被媒體曝光造成重大影響的，本項指標一年內考核結果為 0 分	品質總部

　　表 8-6-17 是某公司的考核指標「產品品質」，這是一個很好衡量的指標，操作性也很強。

　　表 8-6-18 是某公司品質總部考核指標「產品品質合格率」，評價標準是：「子公司產品理化指標、口味一致性指標抽檢合格率達到標準得 10 分，每降低 1%，扣減 2 分。」這個指標仿佛很有道理，因為品質部門應該對公司的產品品質提高負責，但若真要用這樣的指標來考核品質總部，那麼品質總部可能為了避免自己部門的績效考核被扣分而放鬆對子公司的檢查力度，這個指標導向就是錯誤的，因此不能用這樣的指標來考核品質總部。

表 8-6-18　品質總部考核指標「產品品質合格率」

名稱	指標定義	評價標準	信息來源
產品品質合格率	該指標考核產品品質是否符合要求，由品質管理中心定期去子公司和市場抽查取樣	子公司產品理化指標、口味一致性指標抽檢合格率達到標準得 10 分，每降低 1%，扣減 2 分	品質總部

5.確定績效考核者和信息提供者
確定績效指標由誰負責進行考核，一般情況下可以採取自上而下

法進行，考核者可以是直接上級、跨級上級、其他職能部門等。對於某些指標，績效考核者可以是一個人，也可以是多個人，每個人佔有一定的權重。對於實行 360 度考核的企業，績效考核者是被考核者的上級、同級、下級和服務的客戶等，每個人佔有同樣的權重，也可以佔有不同的權重。

確定信息提供者是設計績效考核指標時需要慎重考慮的因素，如果績效考核信息不準確，績效考核就無法進行。保證績效考核數據的準確、公平、公正性，是績效考核取得成效的關鍵。

7 公司導入績效管理遭遇的基本原因

公司從事海外貿易，受國際競爭形勢的影響，公司董事長為了提高員工的工作效率，決定在公司內部引入績效管理代替多年的單純職級工資制度。聽到這個消息，全廠員工尤其是那些基層員工都非常高興，當月公司的生產效率就有了比較明顯的提高。

按照該公司以前的制度，員工在公司所處層級直接決定其薪資水準。實行績效管理體制後，薪水除了與職級掛鈎之外，還與其工作績效緊密相連。於是人力資源部在董事長的授權下，開始緊鑼密鼓地制定績效管理制度。經過人力資源部全體成員 6 個月的艱苦奮戰，終於制定了公司的績效管理制度。

新制度規定，為了對員工進行有效激勵，提高工作效率，公司將每半年實施一次績效考評，普通員工與主管及以上人員分開進行評估。考評成績與獎金掛鈎，績效考評最優秀的普通員工可以獲取其考

評前六個月平均工資三倍的獎金，績效考評最優秀的主管及以上人員可獲得其平均工資兩倍的獎金。董事長迫切想知道新制度的實施效果，要求人力資源部依據新制度對員工過去六個月的工作績效進行評估，並依據評估結果發放獎金。人力資源部原本以為這肯定會受到員工的歡迎，然而，事與願違，隨著新制度逐漸地推行，人力資源部面臨的壓力也越來越大，首先是有相當一部分普通員工抵制對其進行績效考評，接著新來的銷售人員（公司銷售隊伍一直都很不穩定）離職，主管層人員也有了不滿情緒。

　　由於實行新制度，公司怨言頗多。最後董事長親自干預，不斷與員工溝通和許諾才穩住了這壺「沸騰的開水」，責令人力資源部停止實施新制度，並進行修改和完善。這次所謂的改革弄得人力資源部不知所措，後來人力資源主管半開玩笑半無奈地說：「我們得罪誰了，沒有功勞也有苦勞啊？」其失敗原因有以下：

1. 引入績效管理時準備不足

　　公司引入績效管理並不是建立在廣泛調查企業的實際情況的基礎之上，尤其未對企業文化，員工對企業的認知程度，企業人力資源部的能力等有一個清楚的認識，而草率做出決定，其結果只會使公司陷入績效困境。

2. 缺乏必要的培訓

　　案例中，開始時基層員工非常高興，為什麼？因為基層員工將績效管理與個人獎金等同了，並未考慮到組織戰略目標的實現。這種認識，對員工和企業的發展都十分不利。

　　員工的期望是多拿獎金，一旦其期望難以實現或者沒有實現時，很可能產生沮喪情緒，從而影響到其下一輪的工作績效，最終形成惡性循環。

員工並沒有實質性地認同企業，其所關心的只是個人的經濟利益而非企業的發展，這將直接阻礙企業文化的建設和企業穩定、快速的發展。

通過培訓提高員工對績效管理的認識，認識到實施績效管理不僅可以使他們薪酬有所改善，也可以讓他們認識自己的不足，知道如何進行改進。這樣不僅有利於企業的發展，也有利於個人的成長。

人力資源部在得到實行新制度指令的第一件事是制定和發放考評表，這一行為本身說明人力資源部將績效管理等同於績效評估，忽視了績效管理四個環節之間的聯繫。

事實上，績效管理是企業中全員參與的管理活動，它貫穿於企業各個管理層級和部門，而且績效管理工作也是一個較為龐大和複雜的項目，僅僅依靠人力資源部很難做好，它需要各個管理層級和管理部門的緊密配合與協作。

實施績效管理，應儘量進行績效溝通，讓員工瞭解實際情況，而不是將績效考核的結果束之高閣，或只將績效考核作為一種獎金評定的依據。應充分利用績效考核的結果，及時將考核結果與員工進行溝通，分析問題出現原因，並幫助員工改進績效。

第 九 章

確保績效考核有效率

1 避免績效管理流於形式

　　績效考核只是績效管理循環中的一個環節,很多企業把績效管理簡化成績效考核,使得績效管理最終不僅沒有帶來組織績效的提升,相反成為各級管理人員的一個負擔,績效考核效果不理想,人力資源部門疲於應付考核的組織實施,各直線經理疲於應付打分,考核不能反映工作的實際成效,考核結果令員工不滿意,老闆也不滿意,考核結果無法應用,只好直接送進文件櫃,考核最終流於形式,成了人力資源部門、各級管理者和員工參加的一場遊戲。很多企業績效管理沒有取得成效,並不是整體績效管理體系出現了問題,而是績效管理實施環節出現了問題。除績效管理體系存在缺陷外,績效管理變革準備不充分、績效管理實施不力是績效管理流於形式、不能取得成效的主要原因。

一、績效管理體系存在缺陷

企業基礎管理是指企業為實現自己的運營目標和各種管理職能所做的基礎性工作，例如各種企業內部規章制度的制定，以及基層現場管理的強化等，它是企業存在和運行的前提與根基。企業基礎管理工作薄弱，缺乏必要的管理制度，或者管理制度形同虛設，有的企業連考勤制度都不能有效貫徹執行，這樣的企業如果實施績效管理，那難度無疑會非常大。

因此，實施績效管理必須具備發展戰略清晰、組織結構合理、流程管理規範、崗位職責明確的前提。很多企業沒有清晰的發展戰略，只是根據外部環境的變化被動地適應環境，組織機構設置不能適應公司發展和外部環境變化需要，崗位設置不合理等，都會對績效管理的成效帶來影響。實施績效管理需要企業具有較明確的流程規範和職責界定。

然而，許多企業在部門內部制定了比較完善的工作流程，但是一旦工作流程延伸到部門之外，就會出現各種各樣的問題。有些企業沒有規定明確的跨部門業務流程和管理流程，還有些企業制定了這些流程規範，但存在流程界面不清晰、流程節點權責不明的現象，在具體執行中存在諸多問題，而且總是一出問題就找不到責任人，流程涉及的各相關部門互相推諉責任，造成問題無人解決或久拖不決，企業內部運行不暢。這樣的企業如果不解決流程規範的問題，即使實施了績效管理，在設定考核指標時也還會陷入扯皮、績效考核無法實施的局面。

此外，實施績效管理還需具備目標管理有效、預算及核算體系完

備的前提。很多企業核算體系存在問題，沒有進行預算管理，基礎數據信息管理薄弱（原始台賬記錄和統計核算工作不到位），沒有經營目標，沒有年計劃，更談不上目標管理，這樣的企業在績效管理上也是很難取得大的成效的。

　　績效管理方案可操作性差是很多企業推行績效管理時遇到的難題，尤其是在績效考核環節，考核週期不合理、績效考核者選擇不恰當、績效考核內容不合適、關鍵業績指標不能反應崗位的核心職責、績效考核信息收集困難、績效考核結果應用不合理等，都是可操作性差的表現。

二、績效管理實施缺乏管理元素

　　在績效管理實施過程中，如果未能充分考慮到管理者在實施中的關鍵因素，造成直線管理者在績效管理過程中的管理缺位，那麼績效管理最終也難以取得成效。

　　在績效管理實施過程中，我們經常可以看到這樣的現象：人力資源部門忙得團團轉，各業務部門不慌不忙，直線管理者遊離於績效管理之外。其實，在績效管理中，人力資源部門的主要職責只是組織和管理職能，而具體的績效考核指標設計、考核結果評價等工作是應該由各直線管理者負責的。人力資源部門不能陷入考核指標設計、打分評價等具體工作中。如果人力資源部門陷入這些具體工作，一方面會佔用人力資源部門大量的時間和精力，另外也不利於激發各部門直線管理者的積極性。

　　績效管理是人力資源管理系統中的核心工作，但絕不是人力資源部門自己的事，很多企業將績效管理沒有取得成效的原因全部歸結於

人力資源部門工作不力，這是不公平的。各級直線部門是推進績效管理的主力，而高層主管對績效管理的支持更是績效管理取得成效的關鍵。各部門主管如果不重視績效管理工作，那麼績效管理就不可能取得成效，因為績效管理循環中各個環節的工作都是由直線主管負責完成的。有些企業實施績效管理沒有取得成效，關鍵原因就在於各直線主管沒有認識到績效管理的目的是為了提高組織績效，很多直線主管把績效管理當成一種負擔，認為績效管理佔用直線主管過多的時間和精力，影響了業務的正常開展，很顯然這是一種錯誤的認識。

在績效管理實施的整個過程中，管理元素的注入不可或缺。績效管理無論怎麼做，都需要管理者的積極參與；績效管理能否取得實際滿意效果，最關鍵的因素在於企業的管理者。

首先，在制訂績效考核具體指標和業績目標的過程中，需要管理者與部門及員工不斷進行溝通。制定部門目標的過程可能是一個很痛苦、很艱難的過程，因為涉及到雙方利益關係，部門和員工不可避免地傾向於設定容易達成的目標，而管理者的任務則是設定既具有挑戰性又有實現可能性的目標，只有這樣才能促進績效提升和企業整體目標的實現。目標的設定至今也沒有一個完全科學、合理的解決方案，這也正是管理藝術發揮作用的地方。在這個過程中，雙方難免要有一些討價還價和最終的妥協，雙方要約定一個績效標準，所謂約定，就是雙方事先要充分溝通。這個工作對於績效管理可以說是「磨刀不誤砍柴工」，事前的溝通工作做的越好，事後的績效評估就越有效。如果僅僅是管理者拿出一個業績目標就命令部門去完成，而沒有相互溝通、商定的過程，那麼到最後只能令部門不服並產生抵觸情緒，績效考核難以產生滿意效果。

其次，績效考核必須有及時、準確的信息回饋。信息回饋是在績

效考核中最容易被忽視的地方，沒有及時的信息回饋，績效考核只能最終流於形式。在進行信息回饋時，管理者要展開兩項技術工作：輔導和勸說。管理者應根據自己的經驗，通過指導、設立標準、解釋說明和提供信息等多種方式，輔導下屬部門或員工。在信息交流出現問題時，輔導是非常必要的，而勸說是一項情緒化的工作。當情緒問題阻礙了員工去聽取輔導信息時，勸說工作就極為必要了，而且這項工作必須做在輔導工作之前，因為一旦有了態度障礙，員工就無法接受那些有用的信息資源了。如果管理者此時表現出適當的關注，對員工碰到的具體問題採取傾聽、證實、探究、解答和支持的態度，那麼無疑將會排除一些抵觸情緒，讓員工恢復常態，從而使輔導工作得以更順利的進行。

再次，實施過程中的管理因素是績效考核產生效果的決定性因素。無論怎樣完善的績效管理解決方案，都會有其弱點，其原因就在於績效管理要適合企業現狀並能切實提高企業績效，這本身就是一個矛盾。能否使績效管理取得成效，很大程度上取決於管理者，尤其是企業一把手和直線管理者。如果一把手不重視績效考核，或者直線管理者認為績效考核是人力資源部門的事情，只是應付差事，那麼績效管理很難取得什麼效果。作為績效考核工作的實施者，管理者應該實實在在地進行管理。企業應該在實施過程中特別注意觀察員工的行為模式，而且這種觀察、調查要有連續性和常年性。通過觀察個人及其部門的趨向性，可以掌握員工、團隊和部門的行為趨向。如果個人或部門有一些消極趨向，必須進一步研究如何調整，通過觀察、研究、調整、完善的一系列過程，使得個人的行為趨向與個人目標及整體目標協調一致，最終達成企業目標和整體業績改善。

另外，績效管理不是簡單地評判優劣並作為發放薪酬的依據，而

是尋求績效改進的機會，其中更離不開管理元素的注入。績效管理成功與否，在很大程度上取決於如何應用績效考核結果。一般來講，績效考核結果應該和薪酬聯繫起來，否則績效考核就不會受到員工的重視，績效管理提升績效的目的也就很難實現。此外，績效考核結果還應該和培訓、績效改進計劃相聯繫。只有公平、合理地應用績效考核結果，才能充分激發員工的積極性，才能使公司的績效得以提升。

　　然而，企業大多將績效管理視為績效考核，作為發放薪酬的依據，認為填寫完績效考核表格、算出績效考核分數、發放績效薪資後績效管理就結束了，這種做法不可避免地會遭到員工的心理抵制，為了緩和矛盾，結果就只能流於形式。其實，績效管理的首要目的是為了提高績效，應該讓員工知道自己的績效狀況，管理者也應將對員工的期望明確地表達給員工。如果能讓員工感覺到管理者真正尊重他們的意見，並為他們尋找改進自己工作能力和業績的機會，員工就會逐漸從抵制轉為接受績效考核，並將績效考核視為積極的管理方式。而這個過程的轉變需要管理者的不懈努力，要真正使管理元素在績效管理中發揮積極作用。

　　最後，在績效考核結果應用時，也需要管理者與員工進行溝通。如果只是發獎金而不做溝通，那麼激勵強化也無法完成，因為員工拿到獎金後，不明白自己為什麼拿到這些獎金，也不知道拿到這個數目的合理性。這會產生兩種情況：一種情況是，他可能覺得拿到的獎金很多，是老闆認可自己的行為表現，但他可能不知道，在員工中他拿的是最少的；另一種情況是，如果老闆給一位經理 5 萬元的年終獎，老闆會覺得夠多了——這大約是這位經理一個月的薪資，但這位經理卻覺得自己做得那麼辛苦，卻只拿到了一個月的獎金，仍會有怨言……所以，績效結果應用過程中的管理溝通很重要，不僅要讓員工

知其然，更要讓員工知其所以然。拿多少獎金是一回事，讓員工知道為何拿這些獎金才更重要。

三、績效管理變革準備不充分

很多企業推行績效管理最終沒有成功，關鍵原因就在於對推行績效管理沒有引起足夠的重視。一般來講，推行績效管理是企業發展到一定階段，外部環境對企業管理提出更高要求情況下進行的。從本質上來講，推行績效管理相當於進行一次管理變革，因此一定要引起各級管理者的高度重視，並為績效管理的實施做好充分準備。以下是績效管理變革中經常存在的問題：

1. 缺少對員工的心理調適，員工抵觸情緒強烈

績效管理的目的是提高績效，績效管理的核心是績效考核，績效考核結果用來對員工進行獎懲。如果績效考核結果不好，員工會感受到比較大的壓力，因此也會很自然地對績效考核產生抵觸情緒。

在績效管理實施前，企業應該加強對員工的宣傳解釋和心理調適，讓員工明白，績效管理的目的是幫助員工更好地完成本職工作，是為了員工更好的發展；要讓優秀員工明白，只要幹得好，就會獲得優秀評價，績效薪資就會高，職業發展前景也會更好。企業可以事先評估一下員工當前的心理狀態，估量績效管理變革對員工的潛在影響和心理衝擊，並準備變革實施不利的應對方案，做到有備無患。

2. 培訓工作不到位，各級管理者和員工沒有掌握績效管理有關工具、方法和技巧

培訓在績效管理中起著非常重要的作用，應該對各級管理者進行針對績效考核管理制度、流程的培訓，使績效考核者清楚績效考核的

操作過程；同時還要對各級管理者和員工進行針對績效管理有關工具、方法和技巧的培訓，例如如何制定績效計劃、如何進行績效溝通、如何幫助下屬制定績效改進計劃等，同時應該使各級管理者和員工理解績效管理制度規定，並熟練掌握績效考核內容、評價標準和考核表單等。

3.公司高層對實施績效管理缺乏清醒認識

公司高層對待績效管理的態度以及推進績效管理的決心，對績效管理的成功起著非常關鍵的作用。推進績效管理不可避免要遇到這樣那樣的問題，績效管理實施初期階段可能還會對正常的生產經營產生衝擊，這都是很正常的現象。作為管理者，關鍵是要找出解決問題的辦法，給予人力資源部門更大的支持，以快速渡過變革震盪期。

2 如何運用績效考核結果

績效考核流於形式的一個重要原因是考核結果沒有系統運用，即沒有與考核對象最為關心的薪酬、晉升直接有效關聯；沒有建立公平有效的考核申訴機制；沒有制訂績效改善和調整計劃。

績效考核是一個正式的工作回饋管道，對於上級而言，它是一種責任；而對於員工而言，它則是獲得評價的一項權力。為了把這個責任和權力發揮得更充分，也就是發揮出績效考核的最大功效，對考核結果予以合理的運用是非常必要的。

多年的實踐證明，績效評估能否成功實施，很關鍵的一點就在於績效評估的結果如何運用。如果運用不合理，那麼績效考核對員工績

效改進和能力提升的激勵作用就得不到充分體現。所以，績效考核的結果一般適用於以下 5 種情形。

一、用於薪資調整

績效考核結果運用於工資調整主要是體現對員工的激勵，一方面對於績效不良的員工，降低其績效工資，促進其儘快改善；另一方面對於績效優良的員工的工資調整也有一個客觀的衡量尺度。

將績效考核結果運用於工資調整將有利於提高薪酬的內部公平感。

二、用於分配獎金

獎金的形式多種多樣，這裏僅以年終獎為例來說明操作方法。

⑴年終獎以月薪總額為基準，參考個人年度績效結果，但不參考公司績效達成程度

年終雙薪獎＝$I \times P \times T$

其中，$I＝$年平均月薪

$P＝$年度績效考核

$T＝$當年在職月數$\div 12$

若考核為一年一次，考核係數如表 9-2-1 所示。

表 9-2-1　年度考核係數

等級	A	B	C	D	E
係數	2.0	1.5	1.0	0.5	0

若一年考核多次，則：

年度考核係數＝各次考核得分之和÷考核次數

⑵年終獎以月薪總額為基準，參考個人年度績效結果

在年終雙薪獎的計算方法上，乘以公司績效係數，即：

年終雙薪獎＝I×P×T×E

其中：E 為公司績效係數

公司績效係數制定的方法與標準是多重的，這裏介紹一種簡單實用且與員工關聯度較大的一種。如表 9-2-2 所示。

表 9-2-2　與員工關聯度較大的績效係數

	計劃		實際	
	目標	權重	達成	得分
銷售額	5.3億	60		
毛利率	23%	20		
顧客滿意度	85%	10		
重大事項完成率	90%	10		

三、用於分析培訓需求

管理者以及培訓工作負責人在進行培訓需求分析時，應把績效考核的結果以及相關記錄作為重要材料進行深入研究，從中發現員工表現和能力與所在職位要求的差距，進而判斷是否需要培訓，需要那些

方面的培訓。如果是因為態度問題，那麼可能需要的是如何引導認同公司的價值觀，普通的培訓是不奏效的；如果是技能不足，那麼展開一些再培訓或專門訓練就會得到解決。

四、用於制訂員工職業發展計劃

　　每位事業單位的員工，在實現組織目標的同時，也在實現著個人的職業目標。考核作為一種導向和牽引，明確了組織的價值取向。因此，考核結果的運用一方面強化了員工對公司價值取向的認同，使個人職業生涯有序發展；另一方面，透過價值分配激勵功能的實現，使員工個人的職業生涯得以更快地發展。個人職業生涯的發展又能夠反過來促進組織的發展。

五、用於提出人事調整議案

　　績效考核的結果為員工的晉升與降級提供了依據。對於績效考核成績連續優良的員工，可以將其列入晉升名單；但對於連續績效不良的員工，就要考慮降級或者辭退。

　　透過績效考核以及面談，找出員工績效不良的原因，如果是由於不適應現有崗位而造成的不良結果，則可以考慮透過崗位輪換來幫助員工改善績效。

六、績效考核結果與晉升關聯

　　一段時間內績效考核的結果往往是職務晉升的重要考慮因素，但

是不能作為惟一因素。因為職務的不同，要求的勝任能力也不同，有的人在某個崗位上可以取得很好的業績，但是如果換個崗位，可能就不能勝任。所以，在將績效與晉升掛鈎的同時，應注意考核員工的能力和態度。杜邦公司在實施人員晉升時，績效只佔 30%的比重，70%看素質和潛在能力。此外，職務的晉升應該與工資晉升相一致。績效與晉升的掛鈎不僅僅只與升遷掛鈎，還應該和降級、調崗等職位調整掛鈎。

管理者的績效等級與降級/免職。對於連續三次考核結果為「E」的管理者，除按全年績效考核結果與工資等級提升表中的規定降低其工資等級外，行政部還應組織相關人員對其工作態度和綜合能力進行全面評價，並根據評價結果向該管理者的土司提出降級或免職的處理建議。

員工的績效等級與調免職。對於連續三次考核結果為「E」的管理者，除按全年績效考核結果與工資等級提升表中的規定降低其工資等級外，還應酌情將其調離原工作崗位，參加行政部組織的培訓，經培訓考試合格後方可重新上崗，否則做辭退處理。

公司的人力資源管理應該讓員工至少知道兩個晉升階梯：薪酬晉升階梯，即滿足什麼條件，薪酬能夠晉升多少；職務晉升階梯，即滿足什麼條件，晉升通道是什麼。

3 如何落實績效考核制度

績效考核管理成功的企業，一般具有如下特點：第一、公司各級管理者和員工對績效管理有正確的認識，公司加強績效管理的同時，基礎管理水準也在逐步提高；第二、公司建立的績效管理體系、績效考核體系是適合企業實際情況的，系統性和操作性能得到較好的平衡；第三、各級管理者掌握績效管理和管理變革的有關工具、方法和技巧，並針對性地建立了績效管理變革方案。歸納起來，將績效考核落到實處，應做好以下幾個方面的工作：

一、明確各主管的職責

1.企業高層的職責

績效管理體系的確立需要體現企業的價值觀，績效指標的制定要配合企業的戰略目標，而且執行時需要各部門與人力資源部門的通力協作，因此企業高層的導向、監督及協調作用對績效管理的成功非常關鍵。除了以上工作外，企業高層還負責對分管部門及部門負責人的績效管理工作，包括績效計劃制定、績效輔導溝通、績效考核評價以及績效考核結果應用等各個環節的工作。

2.人力資源部門的職責

人力資源部門在績效管理中的職責應該是負責構建公司的績效管理體系，組織設計各部門、各崗位的績效考核指標，組織實施績效管理循環中績效計劃制定、績效輔導溝通、績效考核評價以及績效結

果應用等環節工作，為績效考核者提供績效考核方法和技巧的培訓，監督和評價績效管理系統，負責定期組織召開績效考核工作會議等。

3.各部門負責人的職責

各部門負責人是績效管理的主體，負責對本部門員工進行績效管理各環節工作。各部門負責人應該熟練掌握公司有關績效管理的制度、方法和工具，在人力資源部門的監督指導下，定期完成本部門員工的績效管理工作。對於某些職能部門，還要負責對其他部門或下屬子公司進行某些關鍵業績指標的考核。

二、加強培訓工作

1.加強對員工培訓，消除抵觸情緒

企業推行績效管理，首先要讓管理者和員工明白，績效管理的目的是為了提高組織和個人的績效，績效考核的目的不是為了給員工扣發績效薪資；同時還應該使管理者和員工清楚績效管理各環節中應該做的工作及注意事項，鼓勵員工在績效考核面談時說出真實想法，使員工掌握制定員工發展計劃技巧等，這樣會消除員工的抵觸情緒，有利於績效管理的順利實施。事實上，績效管理會給管理者和員工都帶來巨大好處，通過績效管理各環節工作，管理者為員工提供諮詢和輔導，管理者和員工一起討論工作如何改進並給予員薪資源上的支援，管理者和員工會真正成為績效夥伴關係，這樣管理者和員工在績效管理中都將得到實際利益，各級管理者和員工也將不再具有抵觸情緒。

全面推廣績效管理體系，要使員工清楚績效管理的意義與必要性、責任主體、績效目標的設置方法、績效考評方法、績效結果的應用等問題。這種培訓覆蓋全體參加績效管理的員工，因為培訓重點有

所不同，有必要對主管和員工的培訓分開進行。對主管還需要進行輔導、激勵、傾聽、提問、說服等技能的培訓，如果缺乏這些必要的溝通技能，績效管理就難以有效地進行下去。

2. 使各級管理者掌握工具、方法和技巧，保證績效管理的有效性

對各級管理者(包括企業高層)和員工進行績效管理工具及績效管理技巧的培訓，使各級管理者和員工熟練掌握績效計劃制定、績效輔導溝通、績效考核評價以及績效結果應用等各環節的工作要點，掌握必要的績效管理工具和績效管理技巧，逐步提高公司的績效管理水準。

三、重視並加強管理變革

績效管理的實施對於企業來說就是一場管理變革。既然是管理變革，就會涉及到人員利益的調整，不可避免地會因觸及到人的利益而引起各種反應。在這些反應裏，有正面的，也有負面的。企業要想成功實施績效管理，就必須對這些反應進行管理，引導正面反應，消除負面反應，最終使大家統一到企業的管理變革過程中來。

因此，企業首先要重視管理變革；另外，企業還要研究人的各種反應行為，估量這些行為的影響，並制定具體的應對方案，來對這些行為進行管理、疏導，只有這樣，績效管理的實施才有可能獲得成功。

四、及時提供專業的技術支援與輔導

在實施的過程中，專業部門提供現場的、及時的技術支援與輔導非常重要。主管人員對於績效管理的熱情是短暫而有限的。當他們在目標設置、績效分類，特別是界定那些難以衡量的工作等問題上遇到困難時，要保證他們有便捷的途徑來尋求專業人員的幫助，這種求援需要得到迅速而有效的回饋，這樣才能維繫大家的熱情。如果回應速度較慢，主管人員的熱情會逐漸減弱，從而使推廣工作的速度放慢。

績效管理體系的逐步完善和推進需要一定的時間，不可能所有的企業都一下子達到 GE 的水準。實踐證明，在一個企業完整地實施績效管理體系——績效管理體系能夠較好地與企業的實際需要相適應，員工每到一個考核週期期末能夠習慣性地進行自我評價——至少需要三年時間。

4 如何順利推進管理變革

績效管理變革應當引起企業決策層足夠的重視。很多企業管理變革失敗的原因，就是因為管理變革沒有得到應有的重視，或者管理變革方案不符合企業當時的歷史條件。

因此，企業在設計績效管理方案時就要充分考慮如何實施以及實施中可能出現的各種不利因素，並採取應對措施，把不利因素轉化為有利因素，才能爭取成功。

一、管理變革的宣傳與造勢

　　無論怎樣的管理變革，都是一個複雜的實施過程。任何一種新的管理手段的實施，都離不開廣泛的宣傳、貫徹，實施績效管理同樣也不例外。企業的管理變革就是通過改變人們的行為，來達到規範管理和提高組織績效水準的目的。而企業管理變革不僅僅是一個技術問題，還是一個與人高度相關的操作問題，離不開企業內部各類相關人員的支援。企業管理變革面臨的最核心、最困難的問題不是管理系統的改變，而是對人們行為和習慣的改變。因此在績效管理實施前期，最重要的工作就是進行宣傳培訓、專題研討等，營造管理變革的氣氛，為管理變革造勢。

　　端正觀念是管理變革走向成功的第一步。對於績效管理實施來說，由於涉及和觸動了人的切身利益，因此如果沒有在事先很好地把握管理變革的思路和方法，那麼在績效管理方案實施過程中，很容易由於利益問題產生抵制變革的情緒，最終導致變革的失敗。所以，在這個過程中要有充分的準備來克服組織中那些抵制新事物的因素，要確立明確、有吸引力的變革願景，並將這種管理變革願景通過適當的管道宣傳、貫徹下去，取得公司核心骨幹員工的認同和支持，並依靠公司骨幹團隊的力量來順利推行管理變革方案，只有這樣「以點成面」逐步突破，才能最終實現整個公司績效管理的成功。

　　企業在實施績效管理方案前，要講清楚績效管理實施對於企業可能帶來的價值，而員工身在企業，總是希望企業能夠長遠、健康發展的。一個對企業真正有價值的績效管理方案，如果員工明白了它的價值，明白了自己的工作對於企業的意義，就會減少一些抵觸心理，甚

至積極參與到變革方案的實施與推進過程中去。

　　在實施績效管理方案前，必要的相關專業知識培訓也是不可或缺的，要讓員工明白績效管理對他們自身的好處，他們才會樂意接受，才會更好地配合經理做好績效管理有關工作，做好績效計劃和績效溝通。同時，還要讓各部門主管明白對自己的好處，他們才願意接受、參與和推動。因此，在正式實施績效管理之前，必須就績效管理的目的、意義、作用和方法等問題，對各級經理和員工進行認真培訓，這個工作是要踏踏實實去做的。

二、選擇恰當的變革策略

　　管理變革帶來的利益重新分配，會產生很大的內部不良排異反應。管理變化的幅度越大、強度越高，排異反應就會越強烈，甚至會導致組織休克、員工消極怠工，在企業中往往伴隨著銷售量下降、銷售回款下降、產品生產效率下降、產品品質下降、員工怨聲載道、骨幹員工離職等現象，這些都是員工對新的管理變革的抵制和反抗。企業一旦失去了原有的效率，管理變革就很難取得成功了。在為企業做績效管理諮詢的過程中，我們深有體會，要想改變一個組織的行為和習慣，是需要極大的耐心並講究一定的策略的。只要績效管理方案能被企業實施，就是向成功邁出了第一步；有了第一步，大家就看到了最初的效果，嘗到了變革的甜頭，也樹立了變革的信心；然後再走第二步、第三步就容易多了，最終定能幫助企業逐漸改善業績。

三、制定有針對性的實施辦法

第一，由於人們對實施績效管理具有高度的敏感性，所以在績效管理方案推出之前，要充分研究「人性」，即研究企業內部不同員工在處於不同環境下的需求變化和反應，尤其是中高層管理者的利益和需求，並適時讓各級管理者參與到管理變革方案的制訂過程中來，擺正他們的利益，引導他們在管理變革中發揮先鋒模範作用。如果大多管理者都有抵觸情緒，或者不瞭解管理變革的實施可能對自己有什麼好處，那麼他們就會逃避自己的責任，把管理變革的壓力和風險推給上級，甚至會站到變革的對立面，幸災樂禍地看熱鬧，等著坐收漁翁之利。在國有企業中進行管理變革，情況更加複雜，還要關注那些喜歡挑頭鬧事的員工，評估他們的反應，並預先制定相應的應對措施以防意外。

第二，績效管理方案的實施一定要考慮在管理變革中相關人員的行為習慣轉變難度和接受程度，要特別設計幫助人們轉變行為習慣的步驟和方法，並取得基層員工的認同。在設計績效管理方案的過程中，可以考慮把基層員工真正納入到方案設計中來，在方案中體現基層員工的貢獻，在項目彙報時不斷突出基層員工所做出的努力。這樣，一方面可以讓基層員工露臉，感覺受到了重視；另一方面由於方案是這些員工自己付出了時間和精力所形成的成果，他們不會輕易放棄，也更有動力去實施。此外，基層員工更瞭解企業運作中的具體情況，讓他們參與設計方案，會使得方案的可行性更強，也可以讓員工自己確定方案實施的先後順序和實施計劃。方案的實施不是一蹴而就的，總有一部份可以先實施起來，或者由一個部門先試行起來。讓基

層員工自己確定那些可以先實施，那些可以暫緩實施，並整理出來形成整個實施計劃，這就相當於讓基層員工在老闆面前立下了責任狀，也就堵住了將來員工抵制變革的藉口。如果企業內部有「說到做到」的企業文化，這就是一個很好的方法。

　　第三，在落實階段，方案的實施步驟中要界定責任和權力，把實施責任明確到具體的部門和個人。任何管理變革，如果沒有明確由具體的部門和個人負責，那就很可能最終因無人負責而流於形式。明確實施責任有兩個好處：①「名不正則言不順」，被賦予責任的部門和個人有了正式的組織授權後，就可以師出有名，以組織的名義推行績效管理方案，其他部門或個人就必須服從管理，不能隨意拒絕實施部門和個人的要求了；②明確了具體的實施責任後，這些負責實施的部門和個人就沒有了退路，必須按照績效管理實施方案的要求去做，而不能因為一時遇到困難就打退堂鼓。

　　不同的企業面臨不同的外部市場環境和內部人文環境，因此在制定績效管理變革策略以及採取有針對性的具體措施時，也會千差萬別。相信通過以上這些步驟和措施，將會減少績效管理方案在企業實施中的阻力，促進績效管理的順利實施和持續改進。

5　績效考核中的關鍵環節與改善方法

表 9-5-1　評估中常犯的錯誤及改善方法

種類	偏差情況	改善方法
寬鬆錯誤	當評估者以寬大為懷的標準來進行評估時，就會有寬鬆錯誤。寬鬆的評估者所給予的分數往往高於員工的真實水準。這樣會造成企業延遲確認及糾正員工缺點的機會，更讓績效低的員工得到不該得的報酬，對於真正應受獎勵的員工造成不公平 一般來說，當績效評估的目的是用於行政管理如加薪或升遷時，會比用於員工發展的目的評估更為寬鬆	1. 以具體事實為根據 2. 徹底與評估標準作對照，執行絕對標準 3. 評估者在評估時要不斷地留意有無陷入寬鬆/嚴苛化的陷阱
嚴苛錯誤	當評估者在考核過程中過於嚴厲時，就容易犯嚴苛錯誤。他們在評分時，所給的分數往往會低於員工真實的能力水準 當績效評估的目的是用在員工諮詢、績效回饋、糾正不良業績以及其他與員工發展相關的事項時，評估者傾向採用較為嚴厲的評估	
集中錯誤	評估者不願意給員工極端的分數。例如，評分尺度是 1～7，評估者為避免給人高(6,7)或太低(1,2)，大多都打 3～5 分，在評估者眼中，每個人都是表現平平者。員工的績效沒有差距時，也就失去了評估的意義。當評估者對被評估者的工作或表現不是很熟悉，而又不敢承擔責任時，就很容易犯這種錯誤	1. 日常工作期間與下屬密切接觸，觀察下屬的工作情況並記錄下來，並且認真執行對部屬的指導與培養 2. 要徹底與評估標準作對比 3. 進行評估者培訓時，要確認評估者對評估制度已經熟悉，消除評估者的後顧之憂，讓評估者知道評估尺度代表的意義，避免有太極端的評分 4. 避免讓評估者去評估不熟悉的員工
兩極化趨勢	與集中趨勢相反，評估者傾向於對被評估者的某些項目給予極高或極低的評價。這樣一來，績效評估的結果會造成很大的誤差與不公平的現象	

續表

種類	偏差情況	改善方法
月暈效應	部份的印象影響全體就是月暈效應。評估者僅以員工表現中某一方面形成整體感覺，而評估者就以這樣的整體感覺來擴展到對這名員工的所有評估上。受到月暈效應的評估者，無法區分員工工作表現中的各個方面。如某位員工在人際關係上極佳，結果評估者在工作態度、工作效率等評估項目上也給予高分	1. 設定不同的著眼點，實施從各種角度進行的分析評定 2. 要徹底與評估標準作對比 3. 日常工作期間要與下屬密切接觸，觀察下屬的工作情況並記錄下來 4. 評估者在評估時要不斷留意有無陷入月暈陷阱
近期偏差	通常平均評估期是六個月，但是拿來作評估參考的信息大多是接近評估時的一些信息，如果在這個時候下屬剛好有很特殊的表現，主管就很容易對這個信息給予較大權重的評價。這就是近期偏差。另外員工知道快要接近績效考核的時間，也可能因此表現格外認真。如果評估者沒有警覺，很有可能就會犯近期效果的偏差	1. 徹底針對被評估者的全期表現作全面性的評估。在日常工作中要勤於搜集資料。平時如有觀察到被評估者的特殊表現，切記要以書面形式記錄下來 2. 可以每個月進行一次簡單的月績考核，當每半年或每季需要作績效考核時，就有清楚的依據 3. 進行評估時，要從每個評估角度逐一檢查
邏輯偏差	邏輯偏差是指評估者順著評估維度逐一進行評估到某項評估因素時，發現前面也有類似的維度，認為這一維度與相似的維度應該有差不多的評估結果，就給予相近的分數。如，評估者認為該員工有良好的工作知識，就認為他一定有警覺性、有很好的記憶力等。在這種情況下，考核維度的解釋變成了問題，而真正重要的被評估者表現卻被丟在一邊	1. 徹底相信事實資料 2. 瞭解人的行為有時從表面上看是矛盾的行為，事實上卻是有道理的 3. 理清維度設計的初衷。如果實在無法分辨其中的不同，可以詢問相關人員也不要把員工的權益丟在一邊
對比偏差	評估者容易以自己的能力或行為作為標準來評價下屬，在這種情況下，行為積極的主管會認為所有的下屬都是消極的；專業知識豐富的主管會認為下屬對專業都沒有什麼概念。這樣的評估對下屬而言是不公平的	1. 瞭解自己與下屬是不同的人，在公司裏也扮演著不同的角色 2. 要明確表示對每一位下屬所希望的績效水準 3. 不要過於自信，應積極培養有彈性的心態

續表

種類	偏差情況	改善方法
完美主義偏差	評估人是完美主義分子，他很容易放大被評估者的缺點，因而優點理所當然不被理會	1. 對評估者講清楚評估的原則和方法 2. 增加員工自評來和評估者評分作比較；如果差異過大，需要進行更進一步的分析和理清
盲點偏差	評估者有某種缺點，而無法看出與被評估者相同的缺點	1. 明確制訂評估內容和評估標準 2. 要求評估人嚴格按照評估要求來進行評估
主觀偏見	評估者對自己喜歡或比較熟悉的員工給予較高的成績，對不喜歡的員工給予較低的成績。也有可能發生評估者與被評估者有某些相同性，例如同樣的宗教信仰、業餘愛好，或是畢業於同一學校、來自同樣的家鄉，這些都容易造成偏見	1. 以小組評估或員工互評的方式來中和個人的偏見 2. 評估者要在平時多注意自己對待員工是否能做到公平客觀
壓力誤差	當評估者知道績效考核關係著被評估者的薪資或職務變動時，害怕在評估時受到被評估人的責難，在此壓力下評估者傾向給予較高的成績	1. 對評估結果的用途保密，以免造成評估者與被評估者之間關係的緊張 2. 在評估者培訓時教導其更有效的溝通技巧，可以增加評估者的信心
刻板印象	刻板印象是指我們對人看法很容易憑著對他所屬團體的印象而做判斷。例如，我們容易認為年輕人對工作比較不熟悉，所以當要評估一個年紀較輕的員工時，就認為他對工作的熟悉度較低	1. 以具體事實為根據 2. 平時記錄下員工的重要事蹟，進行評估時不要以一時印象來評分
標準不明確	由於評估者對評估指標的定義不同而造成的偏差，不同的評估者對同一名員工的表現，可能一人給了「優」，另一評估者卻給予「良」	1. 修改評估內容，儘量使內容更明確，可以量化的項目就以量化的方式制訂標準，讓評估者有清楚的評估依據 2. 在同一項目盡可能由同一人進行評估，如此員工之間的評估成績就可以進行較公平的比較
缺乏與工作有關的證明	在評估尺度法中普遍使用的維度，如態度、忠誠度、人格，皆難以權衡，而且這些維度和員工工作績效的關聯可能不高，而主觀的評估總是存在這樣的評估方法；遇到訴訟問題時，在法律上也站不住腳	績效評估的相關維度要與工作有關係，並且可以拿出員工工作的表現來證明

第 十 章

績效考核辦法

1 （附錄一）績效考核管理規範化制度

第一章 主題內容與適應範圍

第一條 本制度規定了管理人員考核的原則，考核的內容及標準、考核的方法步驟及考核結果處理等。

第二條 本辦法適應於全廠中層幹部、專業技術管理人員以及管理崗位上的幹部和員工。

第二章 考核應遵循的原則

第三條 公開公平的原則。對管理人員的考核要有明確的考評標準、程序和考評責任者，考核標準要公平合理，並予以公開。

第四條 實事求是的原則。對每個管理人員的所有考核內容和項目均要客觀地進行評價，要做到「用事實說話、用數據說話」，要與考核標準相對照，不能在人與人之間比較，更不能主觀臆斷。

第五條　直接考核的原則。對管理人員考核時必須由所在單位的直接主管組織相關人員進行考評，任何人不准擅自修改。

第六條　回饋的原則。為起到管理人員考核的教育作用，對考核結果要回饋到考核者本人，影響被考核者就考核結果說明解釋，肯定成績，指出不足和今後努力方向。

第七條　利益相關原則。為使管理人員考核具有約束作用，鼓勵管理人員不斷進取，對考核結果，要在管理人員日常管理工作中予以體現，特別是在管理人員的配置、晉升、分配、獎勵中要充分體現。

第三章　管理職能

第八條　中層主管的考評工作，由人力資源部組織。

第九條　中層副職（含主任科員）的考核工作，屬直屬單位的由人力資源部組織。

第十條　科員及按中層管理的幹部、專業技術管理人員、管理幹部、管理崗位上的員工的考評工作，由各單位組織。

第四章　考核的等級

第十一條　A類。卓越級（各項工作完成出色，成績顯著）。

第十二條　B類。優秀級（積極主動地完成各項工作，並取得成效）。

第十三條　C類。較好級（能較好地履行職責，完或本職工作）。

第十四條　D類。一般級（基本能夠完成本職工作）。

第十五條　E類。較差級（經常完不成本職工作或工作表現差）。

第五章　考核的主要內容及考評標準

第十六條　工作成績。按照工廠給各單位所下達的目標衡量管理人員個人在年度內實際完成的工作成果，包括工作品質、工作數量、工作效益等。

第十七條　工作能力。根據本人實際完成的工作成果及各方面的綜合素質來評價本人的工作技能、水準。包括基礎能力、業務能力、創新能力等。

第十八條　工作態度。由單位根據管理人員本人平時的表現予以評價。包括約束性、協調性、主動性、責任感、自我發展的期望等。

第十九條　考核標準分 3 類：中層管理人員考核標準、專業技術管理人員考核標準、各類管理人員考核標準。

具體標準見：中層管理人員年度考核表；專業技術管理人員年度考核表。

第六章　考核的方法程序

第二十條　考核每年組織一次，自 1 月 1 日至 12 月 31 日為考評期，次年 1 月份進行綜合評定。考核表每年 12 月 20 日前總部及直屬單位到人力資源部領取。

第二十一條　根據年度考核表的要求按月填寫此表，年底將考核表交所在單位主管，中層管理人員、直屬單位的副職交人力資源部，製造本部所屬單位的中層副職交綜合管理部。

第二十二條　各單位成立考核小組，成員由正副職、一定數量的員工代表組成，負責組織本單位對管理人員的考核工作，300 人以下員工代表不少於 6 人，300 人以上的單位員工代表不少於總人數的 2%。

第二十三條　考核小組成員應具備的條件。

1.事業心、責任心強，工作認真負責，有開拓創新精神，熱心考核工作。

2.堅持原則、大公無私、辦事公道、作風正派。

3.熟悉被考核對象的情況，具有一定實際工作經驗。

第二十四條　考核小組根據管理人員的業績和平時表現，對照考

核標準進行綜合打分。然後按照分數、比例、等級分別排序，並寫出明確的考核意見。

第二十五條　根據考核分數將本單位的管理人員按 A、B、C、D、E 予以劃分，比例分別為 10%、20%、50%、15%、3%～5%，評定結束後報人力資源部，並存人本人業績檔案。

第二十六條　考核結果需以適當方式公佈，中層管理人員由分管領導談話，其他人員由單位黨政主要領導談話，指出不足和今後的努力方向。

第七章　考核結果的處理

第二十七條　考核結果作為管理人員職務晉升、獎勵、分配、培訓以及和終止工作合約的依據。

第二十八條　晉升。經考核定為 A、B 類的管理人員可作為晉升高一級職務的必要條件之一；經考核定為 A、B 類的管理及專業技術人員在評聘技術職務時，同等條件下優先推薦。

第二十九條　獎勵。經考核定為 A 類的人員，各單位在制定相關政策時應予以體現。同時根據工廠的效益情況年終給予一次性獎勵。

第三十條　調整。經考核定為 D 類的人員，主管領導應向被考核人提出戒勉。被考核者無資格參加本年度各類先進個人的評比，且無資格參加次年技術職稱的晉升；經考核定為 D 類的管理人員，視其情況可調整其工作崗位或降職使用。

第三十一條　考核定為 E 類人員，屬管理人員的則予以降職和免職，其他人員則應調離原崗位進行培訓，必要時可解除或終止工作合約。

2 （附錄二）績效考核管理辦法

第一章　指標考評原則

1. 全員參與原則。

上下級深入溝通、各部門相互協作，全員參與、全員負責。

2. 公開公正原則。

績效考評過程嚴格按照考評程序進行，根據明確規定的考評標準，客觀評價。

3. 及時回饋原則。

每一級考評者及時將考評結果回饋給被考評者，肯定成績和進步，指出不足之處，明確改進方向，幫助被考評者尋找有效的改進業績的方法。

4. 簡單直觀原則。

考評本著簡單、直觀、便於理解和操作的原則進行。

第二章　考評內容及實施程序

第一條　考評類別

按考評時間分，績效考評分為月績效考評和年度績效考評；按考評對象分，績效考評分為部門績效考評和崗位績效考評。

1. 月績效考評指標。

部門(班組)月績效考評主要指部門 KPI；崗位月考評內容包括崗位 KPI、行為規範。其中：

(1)通過對公司 KPI 進行層層分解，找出支援目標完成的關鍵成功因素(CSF)，對關鍵成功因素進行量化，產生部門、崗位的常規

KPI。KPI 分為 MO、RO、CO，通過績效指標評議會議確定最終的指標分類。

(2)為促進管理者在溝通、工作分配、幫助下屬發展及個人素質等方面的有效改進，對各級主管定期進行週邊評議，由直接上級、同級、直接下級共同打分，重點評價管理者的態度和能力。

2.年度績效考評內容。

部門年度考評是對員工或部門全年的工作業績完成情況，以及與完成業績的有關行為能力等做出的綜合評價；通過對月考評平均值、部門年度績效合約考評、週邊評議三部份綜合加權計算來實現；崗位年度考評對月考評平均值、崗位年度績效合約考評、週邊評議三部份進行加權計算。

第二條　考評工作流程

根據按系統、分層次進行考評的原則，月、年度考評均按照層次開展。首先是公司進行考評，確定獎金基數、領導團隊獎金及各系統考評情況；其次是各子系統（如經營子系統）進行考評，確定各部門主管獎金以及各部門獎金總額；再次是部門、班組進行考評，確定每人的獎金額。具體工作包括以下幾個重要環節：

1.確定指標。績效計劃是確定績效指標的基礎，經過主管與員工的溝通，最終形成績效合約。

2.監控與輔導。持續溝通和績效數據的收集和記錄，是連接績效計劃與考核評價的中間環節。管理者可以通過專題會議、員工工作小結、觀察等方式與員工就績效計劃進展情況、潛在的障礙、問題及解決措施等方面進行溝通，糾正員工工作與績效計劃之間出現的偏差，並進行績效數據的收集和整理。

3.指標評價。按照績效合約約定的工作內容、績效指標與考核標

準，對員工績效計劃所定目標的實際完成情況做出客觀、公正的評價。

4.回饋與溝通。績效考核評價完成之後，管理者必須同員工進行績效面談溝通，將考核結果回饋給被考評人。績效回饋和溝通的目的在於肯定成績、指出問題、交流意見，共同分析績效期望與結果之間存在差異的原因，找出偏差，提出相應的績效改進措施。

第三章　績效合約的簽訂與審核

第三條　績效合約的簽訂

1.年度績效合約簽訂。

年初，各部門、單位根據公司確定的本年度 KPI 及本部門承擔的 KPI，制定本部門、單位的績效合約書，經直接上級主管審核並充分溝通確定後，雙方簽字確認，合約生效，作為年度績效考評的依據。

2.月績效合約簽訂。

每月底公司下達下月重點工作計劃，逐級傳達到各部門、班組、崗位，作為其制定月績效計劃的依據。

⑴公司績效計劃：每月 25 日前企劃部根據上月公司 KPI 完成情況，通過滾動計算，提出下月公司 KPI 計劃，並上報公司總經理批准；公司總經理在與分管副總溝通的基礎上，提出公司月重點工作計劃，由企劃部提前下發至公司領導層，作為各系統制定系統 KPI 的依據。每月 30 日前，公司召開公司月績效評估溝通會議，對公司和各系統 KPI 進行確定，由企劃部作為公司月計劃下達。

⑵系統績效計劃與部門績效合約：各系統圍繞公司的月計劃召開月績效溝通會議，確定部門月績效計劃，各部門根據計劃制定本部門月績效合約書。

⑶崗位績效合約：各崗位任職人根據所屬部門的績效計劃制定本崗位績效合約。

岡位月計劃由被考評人提取，設定建議指標值，上報組長審批，組長就指標項目、標準與被考評人溝通，並確定計劃。

(4)班組績效合約：各班組根據所屬部門的績效計劃和本班組的性質，選擇恰當的績效考評類型，制定本班組的績效合約。

第四條　績效合約審核

各主管在收到員工提交的績效合約以後，對直接下級的績效合約內容進行審核，對不符合要求的《績效合約書》，應返回重新填列，直至審核通過。

審核過程重點把握：

(1)各崗位的 KPI 有無遺漏；

(2)績效考評標準是否可以測量；

(3)不同崗位但性質相似的工作的衡量標準是否有可比性；

(4)崗位之間的協作性是否在相關崗位得到體現。

第五條　過程管理與控制

簽訂、確認績效合約以後，組長應實行工作日誌制度，對部門、崗位的績效合約進展情況實施跟蹤，班組長對每天的工作進行分工、點評和要點記錄；職能部門和工廠應實行週工作計劃制度，組長每週對職能管理人員和所轄班組的計劃完成情況進行點評和要點記錄，實現對月考評的過程控制。

第四章　績效考評與回饋

第六條　月績效考評

月績效考評按考評的對象分為部門(班組)月考評和崗位月考評。

1. 部門(班組)月考評。

部門月績效合約書經逐級審核確認，上報企劃部備案。在工作實施過程中，臨時性追加的任務，經上級主管審核同意，可以追加指標。

行為規範指標按標準直接加減分，本部門未發現及糾正而被有關職能部門或委員會指出的錯誤，扣責任人該項考核 50%的分值，主管負連帶責任。

2.崗位月考評。

崗位月考評包括崗位 KPI 和行為規範考評。

3.班組內部月考評。

因工作性質存在差異，班組績效考評原則上按照《績效管理制度》的要求，自行制定考評細則，報上級部門審批、人事部審定後實施。

4.由於客觀原因致使某項計劃不能完成的，被考評者要列明詳細原因，報組長審批。

第七條　年度考評

年度綜合考評將月考評(設為 A)、部門年度業績合約考評和週邊評議(設為 B)進行綜合加權計算。

人事部對各部門(單位)月考評、部門年度業績合約考評和週邊評議績效分值加權計算，得出所有部門(單位)年度考評綜合分值。人事部對各崗位月考評和週邊評議績效分值加權計算，得出所有崗位年度考評綜合分值。

部門年度績效分值＝部門月績效平均分值×30%＋部門年度業績合約績效

分值×50%＋部門評議分值×20%

崗位年度績效分值＝部門年度績效分值/100×個人月績效平均分值×A%

＋個人週邊評議平均分值×B%

考核與評議權重表（單位：%）

崗位級別	權重		崗位級別	權重	
	月考評 A	週邊評議 B		月考評 A	週邊評議 B
副總師級	65	35	管理崗	80	20
部門正職	60	40	班組長	75	25
中層副職	70	30	普通員工	100	0

根據年度的考評總分，按下列標準進行分級：

優：100 分以上；

良：90～100 分（含 100 分）；

中：80～90 分（含 90 分）；

可：70～80 分（含 80 分）；

差：70 分及以下。

委員會在認為需要的情況下，可對直線考評的結果執行年度強制分佈，例如：全年中，超過 100 分的情況不得超過 1/5 人次，低於 70 分的情況不得少於 1/10 人次。

第八條　週邊評議

第九條　績效回饋溝通

各級組長在每月 5 日前對上月工作提出考評意見，並根據日或週工作誌的記錄及考評結果，與下屬進行正式溝通，形成《員工績效溝通分析表》，通過回饋溝通將考評結果與評價意見回饋給被考評人，並就考評結果與改善計劃達成共識。

1.回饋溝通的目的在於肯定成績、指出問題、交流看法，共同分析期望與結果之間存在差異的原因，讓被考核人明白今後改善與努力的方向。

2.回饋溝通時應多引導員工針對未來工作提出改善計劃，要給員工做出回應、提問、增補其他看法和建議的機會。

3.通過績效回饋的雙向溝通，直接上級與員工確定績效改善計劃，並將績效改善計劃內容納入下期績效合約。

第十條　申訴

在績效管理過程中，員工有不同意見，通過與主管溝通不能達成共識的，有權進行申訴。

第五章　評價結果運用

第十一條　績效與獎金

績效考核結果分別與月、年度獎金掛鉤。

1.部門、班組獎金計算。

部門獎金＝公司獎金基數×部門獎金總係數×部門績效分值/100

班組獎金＝部門獎金基數×班組獎金總係數×班組績效分值/100

部門（單位）、班組可以實行獎金二次分配，設定與公司獎金基數不同的部門（單位）或班組獎金基數，具體辦法應在本部門內取得共識，並報人事部備案。

2.工作崗位獎金計算。

工作崗位獎金＝部門獎金基數×本崗位獎金係數×本人績效分值/100

班組內部獎金計算。

工作崗位獎金＝本組獎金基數×本崗位獎金係數×本人績效分值/100

本組獎金基數＝本班組獎金總額÷（崗位 1 獎金係數×崗位績效得分/100＋崗位 2 獎金係數×崗位績效分值/100＋…）

第十二條　年度承包合約兌現

年度考評結果與年度承包合約兌現掛鉤。

第十三條　先進評選

先進評選必須與年度績效考評結果掛鉤，考評結果作為年度先進評選的主要指標，等級低於良的不得參與先進評比。

第十四條　薪資浮動或工作崗位調整

根據績效考評總分在本單位所屬系統內排名情況，相應地進行薪資浮動或崗位調整。

第十五條　管理層任免

公司將結合績效管理的實施，建立中層管理者任職資格考評與中層幹部任期目標責任制度。

第十六條　人才評價

績效考評結果與公司人才評價掛鉤，從考評結果為良及以上的人員中結合有關成果要求和資歷、學歷等條件推薦上報。

第六章　績效改進

第十七條　月績效改進

對月考評中發現的明顯問題，直接主管應該安排正式的溝通面談，幫助分析原因，指明改進的方向，並作為改進指標列入下月計劃。

第十八條　年度績效改進

年度考評完成後，各級主管組織績效改進會議，與下屬就年度績效進行分析，找出差距和改進方向，明確改進點。年度績效改進會議應形成《績效改進計劃書》，作為下一年度的改進 KPI。

3 （附錄三）KPI 指標考核會議制度

第一章　總則

第一條　適用範圍

各系統分管的主管，各部門、單位負責人。

第二條　目的

透過對各部門、單位制定的年度 KPI 進行審核評價，使各指標能夠真正對公司年度目標形成支援。尤其是對具有創新性和改進性的 KPI 進行客觀評價，以確保其合理性、科學性、可行性。督促各級管理人員在指標制定時更加切合實際，以確保各部門、單位的指標制定品質，防止各級主管濫設指標或降低標準。

第二章　KPI 評價會議

第三條　召開時間及準備工作

1. 每季第一個月 25 日前召開，由企劃部負責召集，提前 7 天通知參會人員會議的主要內容。

2. 參會人員不得缺席，並做好準備工作，提交有關月 KPI 書面材料。

3. 企劃部負責匯總、印刷會議書面材料。

第四條　參會人員

績效管理委員會成員，各系統分管的主管，各部門、單位負責人。

第五條　會議議程

1. 各部門、單位分別對本部門 KPI 的制定過程及設置目的、評價標準加以陳述，彙報指標考核結果。

2.各部門所屬系統主管對其指標制定的必要性、考核標準的合理性、考核結果的公正性情況進行點評。

3.各部門負責人進行點評。

4.其他部門人員也可以參與討論。

5.績效管理委員會對各部門 KPI 制定情況、考核標準、考核結果進行總結點評，最終確定 KPI 制定標準，統一考核標準和考核尺度，並對下月 KPI 的制定提出要求。

第六條　會議成果

由企劃部對 KPI 制定、考核中出現的問題進行匯總，形成《KPI 評價會議紀要》並下發各部門。各部門、單位根據會議紀要對本部門下月 KPI 進行修改，並及時上報委員會審核。

第三章　注意事項

第七條　KPI 點評要點

1.常規性 KPI 必須與公司年度目標緊密結合，各指標標準必須符合 SMART 原則。

2.挑戰指標和改進指標必須在完成常規 KPI 的前提下制定。

3.挑戰指標和改進指標必須提供相關歷史數據或者同業標杆數據，分析說明改進 KPI 的完成難度和可行性，並預測指標完成後給公司整體業績帶來的成果。

4.對於非生產經營類改進 KPI，必須詳細闡明改進目的及與公司業績的關聯程度，否則不能列為 KPI。

第八條　與績效評估會議結合

公司可根據實際情況將 KPI 評價會議與績效評估會議合併，將 KPI 評價作為績效評估會議的一項重要內容。

4 （附錄四）員工 KPI 績效指標確立

　　公司員工的 KPI 指標分為兩類：一類是部門管理人員（部門經理）的 KPI 指標，它與部門的 KPI 指標是一致的。這是因為，部門經理承擔著分公司賦予自己的目標，而每個部門經理都是透過自己的部門或者團隊來實現自己的管理目標的。另一類是普通員工的 KPI 指標。

　　設定員工 KPI 的程序如下：

1. 第一步——列出員工的工作產出

　　在部門 KPI 指標的基礎之上，根據確定工作產出的三個原則：增值產出的原則、客戶導向的原則（強調內部客戶）及結果優先的原則，來確定部門內員工的工作產出。這裏要介紹的是客戶關係圖在確定員工的工作產出中的運用。

　　通常將某個員工的工作產出提供的對象當作是這個員工的客戶，這樣的客戶包括部門內部、部門外部客戶以及公司外部客戶。客戶關係示圖就是透過圖示的方式表現一個員工對部門內外、公司內外客戶的工作產出。在客戶關係示圖中，我們可以看到一個員工為那些內外客戶提供工作產出以及對每個客戶提供的工作產出分別是什麼。那麼在制定績效指標時，就可以考慮內外客戶對這些工作產出的滿意標準，以這些標準來衡量員工的績效。使用客戶關係示圖的方式來界定員工的工作產出，進而確定該項工作的關鍵績效指標。

　　下面以行政秘書崗位為例，分析其績效指標的設置。行政部秘書的客戶關係如圖 10-4-1 所示。

圖 10-4-1　行政秘書客戶關係圖

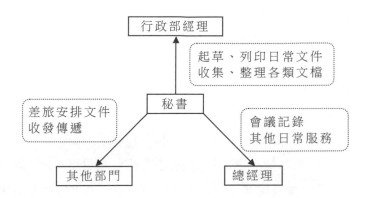

由圖 10-4-1 可以列出行政部秘書的工作產出為：

⑴起草、列印日常文件。

⑵收集、整理各類文檔。

⑶會議記錄。

⑷差旅安排。

⑸文件收發傳遞。

⑹其他日常服務。

2. 第二步——建立員工 KPI 指標

在確定了員工的工作產出之後，我們就可以來建立員工的 KPI 指標。還是以行政部秘書為例，其 KPI 指標為：

⑴起草日常文件的及時準確性。

⑵文檔的完整性。

⑶會議記錄及時準確性。

⑷文件收發及時準確性。

⑸行政部經理滿意度。

3.第三步——設定各項績效指標的評估權重

設置權重時要根據員工的各項工作產出在工作目標中的「重要性」而不是花費時間的多少來設定權重。對於行政部秘書來說，起草報告文件可能並不是花費時間最多的工作，而日常的收發傳真、接聽電話、接待來客等花費的時間則更多，但從重要性來說，起草公文的重要性程度更高，因此，對這項工作產出應設定較高的權重。

4.第四步——得出完整的關鍵績效指標

設定各項績效指標要達到的目標完成了上述四個步驟，就可以得出一個員工完整的關鍵績效指標。如行政部秘書的 KPI 指標（表10-4-2）。

表 10-4-2　行政秘書的 KPI 指標

指標	計算	權重	目標	實際完成
起草日常文件的及時準確性	每超過要求時間一天，扣50%；發現差錯，扣50%	30%		
義檔的完整性	每月檢查一次，發現不按規範歸檔，扣50%，文件缺失，扣100%	10%		
會議記錄及時准確性	每超過要求時間一天，扣50%；發現差錯，扣50%	20%		
文件收發及時准確性	每超過要求時間一天，扣50%	20%		
行政部經理滿意度	行政部經理評價	20%		

每一個職位都會影響到公司某項業務流程的一個過程或影響過

程中的某個點。在設定員工績效指標時，應考慮該員工所在職位的職責範圍是否能控制該指標的結果，如果不能控制，則該項指標就不能作為任職者的績效衡量指標。例如，在設定財務部員工的 KPI 指標時，「財務服務滿意度」這類跨部門的指標就不能作為普通員工的績效考核指標，而應作為財務部及部門經理的績效考核指標。

　　績效管理是管理雙方就組織目標及如何實現目標達成共識的過程，它同時又是一種幫助管理者和員工成功地達到目標的管理方法。根據上面介紹的方法，我們制定員工 KPI 的依據來自部門的 KPI，部門的 KPI 又來自分公司的財務、客戶、內部業務及發展四大類指標。

　　這種對績效指標體系的設計和構建過程，其本身就是統一全體員工朝著企業戰略目標努力的過程，也必將對各部門管理者的績效管理工作起到很大的促進作用。需要指出的是，上述績效指標體系並不是一成不變的，而應該根據企業戰略的調整而不斷調整。在這個過程中，明確的透明度、員工的充分參與，都是必不可少的。

5　（附錄五）績效指標管理辦法

第一章　指標考評原則

　　1. 全員參與原則。上下級深入溝通、各部門相互協作，全員參與、全員負責。

　　2. 公開公正原則。績效考評過程嚴格按照考評程序進行，根據明確規定的考評標準，客觀評價。

　　3. 及時回饋原則。每一級考評者及時將考評結果回饋給被考評

者，肯定成績和進步，指出不足之處，明確改進方向，幫助被考評者尋找有效的改進業績的方法。

4.簡單直觀原則。考評本著簡單、直觀、便於理解和操作的原則進行。

第二章　考評內容及實施程序

第一條　考評類別

按考評時間分，績效考評分為月績效考評和年度績效考評；按考評對象分，績效考評分為部門績效考評和崗位績效考評。

1.月績效考評指標。

部門(班組)月績效考評主要指部門 KPI；崗位月考評內容包括崗位 KPI、行為規範。其中：

⑴通過對公司 KPI 進行層層分解，找出支援目標完成的關鍵成功因素(CSF)，對關鍵成功因素進行量化，產生部門、崗位的常規 KPI。KPI 分為 MO、RO、CO，通過績效指標評議會議確定最終的指標分類。

⑵為促進管理者在溝通、工作分配、幫助下屬發展及個人素質等方面的有效改進，對各級主管定期進行週邊評議，由直接上級、同級、直接下級共同打分，重點評價管理者的態度和能力。

2.年度績效考評內容。

部門年度考評是對員工或部門全年的工作業績完成情況，以及與完成業績的有關行為能力等做出的綜合評價；通過對月考評平均值、部門年度績效合約考評、週邊評議三部份綜合加權計算來實現；崗位年度考評對月考評平均值、崗位年度績效合約考評、週邊評議三部份進行加權計算。

第二條　考評工作流程

根據按系統、分層次進行考評的原則，月、年度考評均按照層次

開展。首先是公司進行考評，確定獎金基數、領導團隊獎金及各系統考評情況；其次是各子系統（如經營子系統）進行考評，確定各部門主管獎金以及各部門獎金總額；再次是部門、班組進行考評，確定每人的獎金額。具體工作包括以下幾個重要環節：

1. 確定指標。績效計劃是確定績效指標的基礎，經過主管與員工的溝通，最終形成績效合約。

2. 監控與輔導。持續溝通和績效數據的收集和記錄，是連接績效計劃與考核評價的中間環節。管理者可以通過專題會議、員工工作小結、觀察等方式與員工就績效計劃進展情況、潛在的障礙、問題及解決措施等方面進行溝通，糾正員工工作與績效計劃之間出現的偏差，並進行績效數據的收集和整理。

3. 指標評價。按照績效合約約定的工作內容、績效指標與考核標準，對員工績效計劃所定目標的實際完成情況做出客觀、公正的評價。

4. 回饋與溝通。績效考核評價完成之後，管理者必須同員工進行績效面談溝通，將考核結果回饋給被考評人。績效回饋和溝通的目的在於肯定成績、指出問題、交流意見，共同分析績效期望與結果之間存在差異的原因，找出偏差，提出相應的績效改進措施。

第三章　績效合約的簽訂與審核

第三條　績效合約的簽訂

1. 年度績效合約簽訂。

年初，各部門、單位根據公司確定的本年度 KPI 及本部門承擔的 KPI，制定本部門、單位的績效合約書，經直接上級主管審核並充分溝通確定後，雙方簽字確認，合約生效，作為年度績效考評的依據。

2. 月績效合約簽訂。

每月底公司下達下月重點工作計劃，逐級傳達到各部門、班組、

崗位，作為其制定月績效計劃的依據。

⑴公司績效計劃：每月 25 日前企劃部根據上月公司 KPI 完成情況，通過滾動計算，提出下月公司 KPI 計劃，並上報公司總經理批准；公司總經理在與分管副總溝通的基礎上，提出公司月重點工作計劃，由企劃部提前下發至公司領導層，作為各系統制定系統 KPI 的依據。每月 30 日前，公司召開公司月績效評估溝通會議，對公司和各系統 KPI 進行確定，由企劃部作為公司月計劃下達。

⑵系統績效計劃與部門績效合約：各系統圍繞公司的月計劃召開月績效溝通會議，確定部門月績效計劃，各部門根據計劃制定本部門月績效合約書。

⑶崗位績效合約：各崗位任職人根據所屬部門的績效計劃制定本崗位績效合約。

崗位月計劃由被考評人提取，設定建議指標值，上報組長審批，組長就指標項目、標準與被考評人溝通，並確定計劃。

⑷班組績效合約：各班組根據所屬部門的績效計劃和本班組的性質，選擇恰當的績效考評類型，制定本班組的績效合約。

第四條　績效合約審核

各主管在收到員工提交的績效合約以後，對直接下級的績效合約內容進行審核，對不符合要求的《績效合約書》，應返回重新填列，直至審核通過。

審核過程重點把握：

⑴各崗位的 KPI 有無遺漏；

⑵績效考評標準是否可以測量；

⑶不同崗位但性質相似的工作的衡量標準是否有可比性；

⑷崗位之間的協作性是否在相關崗位得到體現。

第五條　過程管理與控制

簽訂、確認績效合約以後，組長應實行工作日誌制度，對部門、崗位的績效合約進展情況實施跟蹤，班組長對每天的工作進行分工、點評和要點記錄；職能部門和工廠應實行週工作計劃制度，組長每週對職能管理人員和所轄班組的計劃完成情況進行點評和要點記錄，實現對月考評的過程控制。

第四章　績效考評與回饋

績效考評是指績效合約到期，直接上級對照績效合約約定的考評內容、指標與標準，對員工的績效完成情況進行客觀的評價，並做出評價分析意見的過程。績效考評按照考評的時間分為月考評與年度考評。

第六條　月績效考評

月績效考評按考評的對象分為部門(班組)月考評和崗位月考評。

1. 部門(班組)月考評。

部門月績效合約書經逐級審核確認，上報企劃部備案。在工作實施過程中，臨時性追加的任務，經上級主管審核同意，可以追加指標。行為規範指標按標準直接加減分，本部門未發現及糾正而被有關職能部門或委員會指出的錯誤，扣責任人該項考核 50%的分值，主管負連帶責任。

2. 崗位月考評。

崗位月考評包括崗位 KPI 和行為規範考評。

3. 班組內部月考評。

因工作性質存在差異，班組績效考評原則上按照《績效管理制度》的要求，自行制定考評細則，報上級部門審批、人事部審定後實施。

4. 由於客觀原因致使某項計劃不能完成的，被考評者要列明詳細

原因，報組長審批。

第七條　年度考評

年度綜合考評將月考評(設為 A)、部門年度業績合約考評和週邊評議(設為 B)進行綜合加權計算。

人事部對各部門(單位)月考評、部門年度業績合約考評和週邊評議績效分值加權計算，得出所有部門(單位)年度考評綜合分值。人事部對各崗位月考評和週邊評議績效分值加權計算，得出所有崗位年度考評綜合分值。

部門年度績效分值＝部門月績效平均分值×30%＋部門年度業績合約績效

分值×50%＋部門評議分值×20%

崗位年度績效分值＝部門年度績效分值/100×個人月績效平均分值×A%

＋個人週邊評議平均分值×B%

表 10-5-1　考核與評議權重表(單位：%)

崗位級別	權重		崗位級別	權重	
	月考評 A	週邊評議 B		月考評 A	週邊評議 B
副總師級	65	35	管理崗	80	20
部門正職	60	40	班組長	75	25
中層副職	70	30	普通員工	100	0

根據年度的考評總分，按下列標準進行分級：

優：100 分以上；

良：90～100 分(含 100 分)；

中：80～90 分(含 90 分)；

可：70～80 分(含 80 分)；

差：70 分及以下。

委員會在認為需要的情況下，可對直線考評的結果執行年度強制分佈，例如：全年中，超過 100 分的情況不得超過 1/5 人次，低於 70 分的情況不得少於 1/10 人次。

第八條　週邊評議

為促進管理者在溝通、計劃制定、幫助下屬發展及個人素質等方面的有效改進，對中層、基層、領導層和主要職能管理崗位，定期實行上級、相關同級、直接下級等的週邊評議，評議內容為態度與能力。

第九條　績效回饋溝通

各級組長在每月 5 日前對上月工作提出考評意見，並根據日或週工作誌的記錄及考評結果，與下屬進行正式溝通，形成《員工績效溝通分析表》，通過回饋溝通將考評結果與評價意見回饋給被考評人，並就考評結果與改善計劃達成共識。

1.回饋溝通的目的在於肯定成績、指出問題、交流看法，共同分析期望與結果之間存在差異的原因，讓被考核人明白今後改善與努力的方向。

2.回饋溝通時應多引導員工針對未來工作提出改善計劃，要給員工做出回應、提問、增補其他看法和建議的機會。

3.通過績效回饋的雙向溝通，直接上級與員工確定績效改善計劃，並將績效改善計劃內容納入下期績效合約。

第十條　申訴

在績效管理過程中，員工有不同意見，通過與主管溝通不能達成共識的，有權進行申訴。

第五章　評價結果運用

通過將考評結果與獎金發放、學習培訓、先進評比、工資浮動、崗位調整、人事任免及人才評價等掛鈎，真正做到獎勤罰懶。

第十一條　績效與獎金

績效考核結果分別與月、年度獎金掛鉤。

1. 部門、班組獎金計算。

部門獎金＝公司獎金基數×部門獎金總係數×部門績效分值/100

班組獎金＝部門獎金基數×班組獎金總係數×班組績效分值/100

部門（單位）、班組可以實行獎金二次分配，設定與公司獎金基數不同的部門（單位）或班組獎金基數，具體辦法應在本部門內取得共識，並報人事部備案。

2. 崗位獎金計算。

崗位獎金＝部門獎金基數×本崗位獎金係數×本人績效分值/100

3. 班組內部獎金計算。

崗位獎金＝本組獎金基數×本崗位獎金係數×本人績效分值/100

本組獎金基數＝本班組獎金總額÷（崗位 1 獎金係數×崗位績效得分/100
＋崗位 2 獎金係數×崗位績效分值/100＋…）

第十二條　年度承包合約兌現

年度考評結果與年度承包合約兌現掛鉤。

第十三條　先進評選

先進評選必須與年度績效考評結果掛鉤，考評結果作為年度先進評選的主要指標，等級低於良的不得參與先進評比。

第十四條　工資浮動或崗位調整

根據績效考評總分在本單位所屬系統內排名情況，相應地進行工資浮動或崗位調整。

第十五條　管理層任免

公司將結合績效管理的實施，建立中層管理者任職資格考評與中

層幹部任期目標責任制度。

第十六條　人才評價

績效考評結果與公司人才評價掛鉤，從考評結果為良及以上的人員中結合有關成果要求和資歷、學歷等條件推薦上報。

第六章　績效改進

第十七條　月績效改進

對月考評中發現的明顯問題，直接主管應該安排正式的溝通面談，幫助分析原因，指明改進的方向，並作為改進指標列入下月計劃。

第十八條　年度績效改進

年度考評完成後，各級主管組織績效改進會議，與下屬就年度績效進行分析，找出差距和改進方向，明確改進點。年度績效改進會議應形成《績效改進計劃書》，作為下一年度的改進 KPI。

企業的核心競爭力，就在這里！

圖書出版目錄

　　憲業企管顧問（集團）公司為企業界提供診斷、輔導、培訓等專項工作。下列圖書是由臺灣的憲業企管顧問（集團）公司所出版，自 1993 年秉持專業立場，特別注重實務應用，50 餘位顧問師為企業界提供最專業的經營管理類圖書。

　　選購企管書，敬請認明品牌：憲業企管公司。

1. 傳播書香社會，直接向本出版社購買，一律 9 折優惠，郵遞費用由本公司負擔。服務電話(02) 27622241　(03) 9310960　傳真(03) 9310961
2. 付款方式：請將書款轉帳到我公司下列的銀行帳戶。
   - 銀行名稱：合作金庫銀行（敦南分行）　帳號：5034-717-347447
     公司名稱：憲業企管顧問有限公司
   - 郵局劃撥號碼：18410591　郵局劃撥戶名：憲業企管顧問公司
3. 圖書出版資料每週隨時更新，請見網站 www.bookstore99.com

經營顧問叢書

編號	書名	價格
25	王永慶的經營管理	360 元
52	堅持一定成功	360 元
56	對準目標	360 元
60	寶潔品牌操作手冊	360 元
78	財務經理手冊	360 元
79	財務診斷技巧	360 元
91	汽車販賣技巧大公開	360 元
97	企業收款管理	360 元
100	幹部決定執行力	360 元
122	熱愛工作	360 元
129	邁克爾・波特的戰略智慧	360 元
130	如何制定企業經營戰略	360 元
135	成敗關鍵的談判技巧	360 元
137	生產部門、行銷部門績效考核手冊	360 元
139	行銷機能診斷	360 元
140	企業如何節流	360 元
141	責任	360 元
142	企業接棒人	360 元
144	企業的外包操作管理	360 元
146	主管階層績效考核手冊	360 元
147	六步打造績效考核體系	360 元
148	六步打造培訓體系	360 元
149	展覽會行銷技巧	360 元
150	企業流程管理技巧	360 元

285	人事經理操作手冊（增訂二版）	360 元
286	贏得競爭優勢的模仿戰略	360 元
287	電話推銷培訓教材（增訂三版）	360 元
288	贏在細節管理（增訂二版）	360 元
289	企業識別系統 CIS（增訂二版）	360 元
291	財務查帳技巧（增訂二版）	360 元
295	哈佛領導力課程	360 元
296	如何診斷企業財務狀況	360 元
297	營業部轄區管理規範工具書	360 元
298	售後服務手冊	360 元
299	業績倍增的銷售技巧	400 元
300	行政部流程規範化管理（增訂二版）	400 元
302	行銷部流程規範化管理（增訂二版）	400 元
304	生產部流程規範化管理（增訂二版）	400 元
307	招聘作業規範手冊	420 元
308	喬‧吉拉德銷售智慧	400 元
309	商品鋪貨規範工具書	400 元
310	企業併購案例精華（增訂二版）	420 元
311	客戶抱怨手冊	400 元
314	客戶拒絕就是銷售成功的開始	400 元
315	如何選人、育人、用人、留人、辭人	400 元
316	危機管理案例精華	400 元
317	節約的都是利潤	400 元
318	企業盈利模式	400 元
319	應收帳款的管理與催收	420 元
320	總經理手冊	420 元
321	新產品銷售一定成功	420 元
322	銷售獎勵辦法	420 元
323	財務主管工作手冊	420 元
324	降低人力成本	420 元
325	企業如何制度化	420 元
326	終端零售店管理手冊	420 元

327	客戶管理應用技巧	420 元
328	如何撰寫商業計畫書（增訂二版）	420 元
329	利潤中心制度運作技巧	420 元
330	企業要注重現金流	420 元
331	經銷商管理實務	450 元
332	內部控制規範手冊（增訂二版）	420 元
334	各部門年度計劃工作（增訂三版）	420 元
335	人力資源部官司案件大公開	420 元
336	高效率的會議技巧	420 元
337	企業經營計劃〈增訂三版〉	420 元
338	商業簡報技巧（增訂二版）	420 元
339	企業診斷實務	450 元
340	總務部門重點工作（增訂四版）	450 元
341	從招聘到離職	450 元
342	職位說明書撰寫實務	450 元
343	財務部流程規範化管理（增訂三版）	450 元
344	營業管理手冊	450 元
345	推銷技巧實務	450 元
346	部門主管的管理技巧	450 元
347	如何督導營業部門人員	450 元
348	人力資源部流程規範化管理（增訂五版）	450 元
349	企業組織架構改善實務	450 元
350	績效考核手冊（增訂三版）	450 元

《商店叢書》

18	店員推銷技巧	360 元
30	特許連鎖業經營技巧	360 元
35	商店標準操作流程	360 元
36	商店導購口才專業培訓	360 元
37	速食店操作手冊〈增訂二版〉	360 元
38	網路商店創業手冊〈增訂二版〉	360 元
40	商店診斷實務	360 元
41	店鋪商品管理手冊	360 元
42	店員操作手冊（增訂三版）	360 元

45	向肯德基學習連鎖經營〈增訂二版〉	360元
47	賣場如何經營會員制俱樂部	360元
48	賣場銷量神奇交叉分析	360元
49	商場促銷法寶	360元
53	餐飲業工作規範	360元
54	有效的店員銷售技巧	360元
56	開一家穩賺不賠的網路商店	360元
58	商舖業績提升技巧	360元
59	店員工作規範（增訂二版）	400元
61	架設強大的連鎖總部	400元
62	餐飲業經營技巧	400元
64	賣場管理督導手冊	420元
65	連鎖店督導師手冊（增訂二版）	420元
67	店長數據化管理技巧	420元
69	連鎖業商品開發與物流配送	420元
70	連鎖業加盟招商與培訓作法	420元
71	金牌店員內部培訓手冊	420元
72	如何撰寫連鎖業營運手冊〈增訂三版〉	420元
73	店長操作手冊（增訂七版）	420元
74	連鎖企業如何取得投資公司注入資金	420元
75	特許連鎖業加盟合約（增訂二版）	420元
76	實體商店如何提昇業績	420元
77	連鎖店操作手冊（增訂六版）	420元
78	快速架設連鎖加盟帝國	450元
79	連鎖業開店複製流程（增訂二版）	450元
80	開店創業手冊〈增訂五版〉	450元
81	餐飲業如何提昇業績	450元

《工廠叢書》

15	工廠設備維護手冊	380元
16	品管圈活動指南	380元
17	品管圈推動實務	380元
20	如何推動提案制度	380元
24	六西格瑪管理手冊	380元
30	生產績效診斷與評估	380元
32	如何藉助IE提昇業績	380元

46	降低生產成本	380元
47	物流配送績效管理	380元
51	透視流程改善技巧	380元
55	企業標準化的創建與推動	380元
56	精細化生產管理	380元
57	品質管制手法〈增訂二版〉	380元
58	如何改善生產績效〈增訂二版〉	380元
68	打造一流的生產作業廠區	380元
70	如何控制不良品〈增訂二版〉	380元
71	全面消除生產浪費	380元
72	現場工程改善應用手冊	380元
77	確保新產品開發成功（增訂四版）	380元
79	6S管理運作技巧	380元
85	採購管理工作細則〈增訂二版〉	380元
88	豐田現場管理技巧	380元
89	生產現場管理實戰案例〈增訂三版〉	380元
92	生產主管操作手冊(增訂五版)	420元
93	機器設備維護管理工具書	420元
94	如何解決工廠問題	420元
96	生產訂單運作方式與變更管理	420元
97	商品管理流程控制(增訂四版)	420元
102	生產主管工作技巧	420元
103	工廠管理標準作業流程〈增訂三版〉	420元
105	生產計劃的規劃與執行(增訂二版)	420元
107	如何推動5S管理（增訂六版）	420元
108	物料管理控制實務〈增訂三版〉	420元
111	品管部操作規範	420元
113	企業如何實施目視管理	420元
114	如何診斷企業生產狀況	420元
117	部門績效考核的量化管理（增訂八版）	450元
118	採購管理實務〈增訂九版〉	450元
119	售後服務規範工具書	450元

120	生產管理改善案例	450 元
121	採購談判與議價技巧〈增訂五版〉	450 元
122	如何管理倉庫〈增訂十版〉	450 元
123	供應商管理手冊(增訂二版)	450 元

《培訓叢書》

12	培訓師的演講技巧	360 元
15	戶外培訓活動實施技巧	360 元
21	培訓部門經理操作手冊（增訂三版）	360 元
23	培訓部門流程規範化管理	360 元
24	領導技巧培訓遊戲	360 元
26	提升服務品質培訓遊戲	360 元
27	執行能力培訓遊戲	360 元
28	企業如何培訓內部講師	360 元
31	激勵員工培訓遊戲	420 元
32	企業培訓活動的破冰遊戲（增訂二版）	420 元
33	解決問題能力培訓遊戲	420 元
34	情商管理培訓遊戲	420 元
36	銷售部門培訓遊戲綜合本	420 元
37	溝通能力培訓遊戲	420 元
38	如何建立內部培訓體系	420 元
39	團隊合作培訓遊戲(增訂四版)	420 元
40	培訓師手冊（增訂六版）	420 元
41	企業培訓遊戲大全(增訂五版)	450 元

《傳銷叢書》

4	傳銷致富	360 元
5	傳銷培訓課程	360 元
10	頂尖傳銷術	360 元
12	現在輪到你成功	350 元
13	鑽石傳銷商培訓手冊	350 元
14	傳銷皇帝的激勵技巧	360 元
15	傳銷皇帝的溝通技巧	360 元
19	傳銷分享會運作範例	360 元
20	傳銷成功技巧（增訂五版）	400 元
21	傳銷領袖（增訂二版）	400 元

22	傳銷話術	400 元
24	如何傳銷邀約（增訂二版）	450 元
25	傳銷精英	450 元

為方便讀者選購，本公司將一部分上述圖書又加以專門分類如下：

《主管叢書》

1	部門主管手冊（增訂五版）	360 元
2	總經理手冊	420 元
4	生產主管操作手冊（增訂五版）	420 元
5	店長操作手冊（增訂七版）	420 元
6	財務經理手冊	360 元
7	人事經理操作手冊	360 元
8	行銷總監工作指引	360 元
9	行銷總監實戰案例	360 元

《總經理叢書》

1	總經理如何管理公司	360 元
2	總經理如何領導成功團隊	360 元
3	總經理如何熟悉財務控制	360 元
4	總經理如何靈活調動資金	360 元
5	總經理手冊	420 元

《人事管理叢書》

1	人事經理操作手冊	360 元
2	從招聘到離職	450 元
3	員工招聘性向測試方法	360 元
5	總務部門重點工作（增訂四版）	450 元
6	如何識別人才	360 元
7	如何處理員工離職問題	360 元
8	人力資源部流程規範化管理（增訂五版）	420 元
9	面試主考官工作實務	360 元
10	主管如何激勵部屬	360 元
11	主管必備的授權技巧	360 元
12	部門主管手冊（增訂五版）	360 元

在海外出差的………
台灣上班族

　　愈來愈多的台灣上班族，到大陸工作（或出差），對工作的努力與敬業，是台灣上班族的核心競爭力；一個明顯的例子，返台休假期間，台灣上班族都會抽空再買書，設法充實自身專業能力。

　　[憲業企管顧問公司]以專業立場，為企業界提供最專業的各種經營管理類圖書。

　　85%的台灣上班族都曾經有過購買（或閱讀）[憲業企管顧問公司]所出版的各種企管圖書。

　　尤其是在競爭激烈或經濟不景氣時，更要加強投資在自己的專業能力，建議你：

　　工作之餘要多看書，加強競爭力。

台灣最大的企管圖書網站
www.bookstore99.com

建立企業圖書館

當市場競爭激烈時：

培訓員工，強化員工競爭力
是企業最佳對策

「人才」是企業最大的財富。如何提升人才，是企業永續經營、戰勝對手的核心競爭力。積極培訓公司內部員工，是經濟不景氣時期的最佳戰略，而最快速的具體作法，就是「建立企業內部圖書館，鼓勵員工多閱讀、多進修專業書籍」

建議您：請一次購足本公司所出版各種經營管理類圖書，作為貴公司內部員工培訓圖書。使用率高的（例如「贏在細節管理」），準備 3 本；使用率低的（例如「工廠設備維護手冊」），只買 1 本。

給總經理的話

　　總經理公事繁忙，還要設法擠出時間，赴外上課進修學習，努力不懈，力爭上游。

　　總經理拚命充電，但是員工呢？

　　公司的執行仍然要靠員工，為什麼不要讓員工一起進修學習呢？

　　買幾本好書，交待員工一起讀書，或是買好書送給員工當禮品。簡單、立刻可行，多好的事！

經營顧問叢書 ㉟0　　　　售價：450 元

績效考核手冊（增訂三版）

西元二〇二四年四月	增訂三版一刷
西元二〇一四年八月	增訂二版一刷
西元二〇一〇年十二月	初版二刷
西元二〇〇八年八月	初版一刷

編著：秦建成

策劃：麥可國際出版有限公司（新加坡）

編輯：蕭玲

封面設計：宇軒設計工作室

校對：劉飛娟

發行人：黃憲仁

發行所：憲業企管顧問有限公司

電話：（02）2762-2241　（03）9310960　0930872873

電子郵件聯絡信箱：huang2838@yahoo.com.tw

銀行 ATM 轉帳：合作金庫銀行　帳號：5034-717-347447

郵政劃撥：18410591　憲業企管顧問有限公司

江祖平律師顧問：紙品書、數位書著作權與版權均歸本公司所有

登記證：行政業新聞局版台業字第 6380 號

本公司徵求海外版權出版代理商（0930872873）

本圖書是由憲業企管顧問（集團）公司所出版，以專業立場，為企業界提供最專業的各種經營管理類圖書。

圖書編號 ISBN：978-986-369-120-4